여행지에서 만난
나무 이야기

LE ARBRES C'EST PAS SORCIER by Victor Coutard
Illustrations-Yannis Varoutsikos

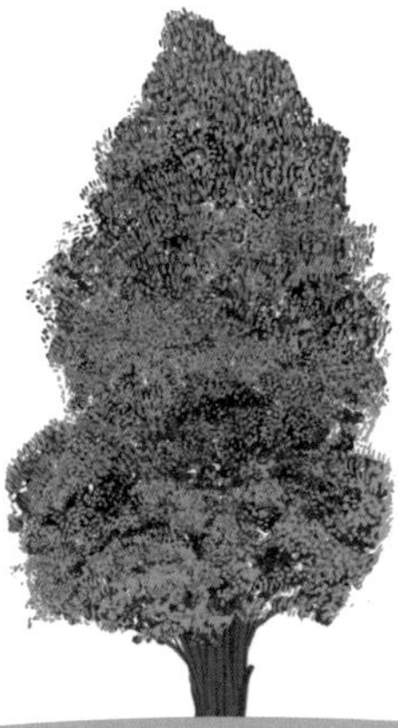

여행지에서 만난 나무 이야기

빅토르 쿠타르 지음 **야니스 바루치코스** 그림
윤여연 옮김 **이선** 감수

"'폐'라는 것은 무엇일까?
산소를 내뱉는 것? 아니다.
그러면 이산화탄소를 삼키는 것? 아니다.
그렇게 보면 숲은 폐가 될 수 없지 않은가!
숲은 이산화탄소를 흡수하고 산소를 내뱉는다.
폐와 정반대이다. 여기서 우리는 인간의 말로
식물 세계를 표현할 수 없다는 첫 번째 난관에
직면한다. 인간의 말은 우리가 식물 세계를 이
해할 수 없다는 점을 부각할 뿐이다."

프랑시스 알레,
필리프 두루와의 인터뷰,
「나무 위에 앉은 학자, 프랑시스 알레」,
『리베라시옹』 2017년 12월 27일 자.

차례

구름 모양의 나무

붓 모양의 나무

층계 모양의 나무

나무와 사람

들어가며

나무는 모든 영역을 관통하는 주제이다. 먼저, 나무는 생태적으로 중요한 역할을 한다. 동물의 먹이와 서식지를 제공하고 공기의 질과 풍경 보존에 기여하기 때문이다.

또한 사회적·경제적으로 큰 역할을 맡고 있다. 사회적으로 사람들에게 나무는 만남의 장소이고 작은 그늘을 즐기는 공간이며 나뭇잎들을 보며 감탄하는 대상이 된다. 경제적으로 나무는 목재, 열매, 씨, 기름, 종이를 제공한다. 생계를 위해 숲에 직접적으로 의존해 사는 사람이 전 세계에 10억 명이 넘는 것으로 추정된다. 그렇다면 나무를 통해서 꿈꾸는 사람은 몇 명이나 될까? 여러 사회와 종교의 자양분이 되었던 시적·신화적 상징은 오래전부터 나무에서 시작되었다.

이렇게 거대하고 수명이 긴 생물인 나무는 어디에나 있다. 우리가 사는 동네에서도— 다행히 점점 더 자주 —나무를 만날 수 있다. 그런데 우리는 나무를 충분히 보고 있을까? 나는 이 책을 쓰면서 솔잎의 개수를 세고, 오래된 나무 그루터기에서 나이테를 살펴보다 감탄하며, 잎갈나무와 같은 계열이라고 믿었던 낙우송의 베일을 벗기며 기뻐하는 나 자신을 문득 발견했다. 어린이를 위한 나의 첫 책『나무 친구 *Un Arbre pour Ami*』에서처럼 나는 나무에 둥지를 튼 새, 나무껍질 위를 부산스럽게 돌아다니는 개미를 보며, 그리고 머지않아 나무에서 놀게 될 내 아이들의 모습 등을 그려보며 나무에서 펼쳐지는 여러 삶에 감탄한다. 이렇게 나무들의 특징, 차이, 역사를 발견하면서 다리 하나로만 서 있는 더벅머리의 거인 같은 나무들이 내게 더욱 크게 다가온다.

인간은 오래전부터 나무에 관심이 있었지만 나무는 자신들의 비밀을 이제야 드러내기 시작했다는 점이 매력적이다. 오랫동안 단순한 상품, 이익을 만드는 이동 가능한 원천 자원으로 취급받던 나무가 소통 능력과 놀라운 생태적 능력, 지구에 거주하고 있는 다른 생물과 인간에게 유용한 여러 특징을 가지고 있다는 사실이 오늘날 밝혀졌다.

하지만 나무는 인간에게 매력적인 대상이기 전에 독립적인 하나의 생물로,

자신들만의 규칙을 가지고 인간의 지나친 민족 중심주의적 행동을 초연하게 바라보며 인간이 나무를 인간에 빗대어 대하는 일을 개의치 않을 정도로 지혜로운 생물이다. 이렇듯 나무는 저마다의 규칙에 따라 살아가며, 우리의 상상을 초월할 정도로 아주 오래 산다.

지나긴 시간은 나무를 기억의 기둥으로 만들어주었다. 우리가 다니는 길, 우리가 찍은 사진, 우리가 그린 도면 위에 나무들이 정확하게 기록되었고, 나무에 얽힌 추억(첫 키스, 열매 따기, 창문 너머 나무를 멍하니 바라보기, 휴가를 보내던 어느 날)은 우리에게 머물며 우리와 함께 성장한다. 우리가 만나는 나무들은 저마다 고유의 특징이 있으며, 자신들이 가진 타고난 성질을 우리 삶에 옅게 물들인다. 지금 나무와 우리 사이에 무언가 일이 벌어지고 있다. 그리고 우리가 나무에 관심을 더 가질수록 그 무언가도 점점 커지고 있다.

정확한 자료를 바탕으로 이해하기 쉬운 내용을 담고 있는 이 책에서는 지구의 핵심 요소로서 나무를 포괄적으로 바라본다. 이 책은 정원 깊숙한 곳에 자리 잡은 단풍나무, 공원 한가운데에 서 있는 세쿼이아, 큰길가에 있는 플라타너스 또는 산속의 소나무 숲을 만날 수 있게 해주는 초대장이자, 우리 삶 속의 나무를 만나게 해주는 초대장이다.

나무란 무엇일까?

나무의 성장

나무 연구에 있어 최고의 권위자로 꼽히는 식물학자 프랑시스 알레Francis Hallé는 "나무를 이해하려면 지적 혁명이 전제 조건이 되어야 한다. 나무는 단 하나밖에 없는 존재이면서도 동시에 여럿인 존재이기에 기존 인간의 지식으로 쉽게 이해할 수 없기 때문이다." 라고 말했다. 나무는 숲속에서 이루어지는 서로 간의 상호 작용과 몇몇 물리적 특성으로 다른 식물과 구별된다. 현재 약 6만~10만 종의 나무가 지구에 살고 있다.

훌륭한 구성

뿌리를 통해 땅에서 끌어올린 물이 나무의 80~90퍼센트를 차지한다. 참고로 사람의 몸은 60퍼센트가 물로 이루어져 있다. 나무를 구성하는 나머지 10~20퍼센트는 수소, 질소, 칼륨이다. 그리고 나무줄기의 중심은 나무의 내구성을 보장하는 죽은 목재 조직으로, 나뭇잎들이 흡수한 이산화탄소를 저장한다.

환상적인 겉모습

나무는 단단한 목재를 생산하는 목본식물로 크기가 매우 커질 수 있다. 가는 줄기에 몸을 지탱하는 다른 식물과 달리, 나무는 줄기로 곧게 서 있으며 상대적으로 수명도 길다. 줄기에는 온갖 수단을 동원해 최대한 많은 빛을 받으려는 가지와 잎이 있다.

교목과 관목의 차이는 높이에 따른 것으로, 7미터가 넘는 나무를 교목이라고 정의하기로 합의한 것일 뿐이다.

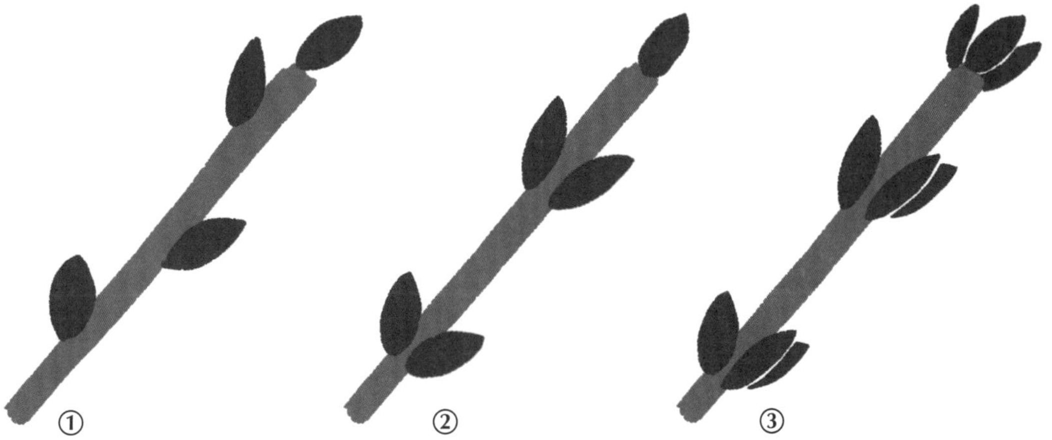

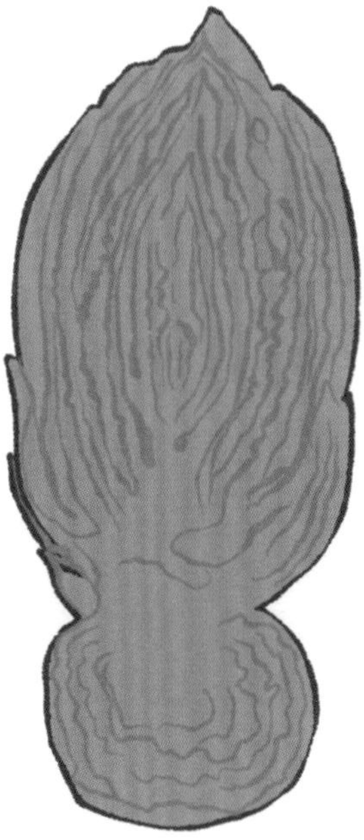

눈: 창조적인 힘

눈은 새 가지와 잎, 꽃을 만드는 데 필요한 모든 물질을 품고 있다. 가지마다 눈이 돋아나 새로운 가지와 눈을 만들어낸다. 눈은 전 세계 대부분의 나무에서 공통으로 관찰되는 식물의 생장 단계 중 하나에 속한다. 눈은 생장 기간인 한여름에 완전하게 자라고, 가을에는 '동면' 상태에 들어가며, 겨울은 세포의 성장이 멈추는 '휴면기'로 생장하는 데 강력한 통제를 받는다. 휴면기에 눈은 식물 호르몬이라는 '묘약'의 영향으로 느린 호흡을 하며 잠을 잔다. 이러한 통제 구조는 미래의 꽃, 잎을 보호할 수 있게 한다. 너무 일찍 나오면 얼어 죽을 위험이 있기 때문이다(하지만 이런 일이 가끔 일어나곤 한다). 1년이 지나 새로운 봄이 올 때 눈은 수액 상승을 이용해 이윽고 돋아나는데, 이를 '눈의 발아'라고 부른다.

같은 가지에 **끝눈**과 여러 개의 **곁눈**이 함께 자란다. 끝눈이 부러지거나 죽으면, 뒤로 물러나 있던 곁눈이 끝눈을 대체한다. 그러면 죽은 끝눈을 대체한 곁눈에서 가지가 발달되면서, 가지가 뻗어나가는 방향이 바뀐다.

눈은 돋아나는 방식에 따라 다음과 같이 나뉜다.

① **어긋나기눈**: 가지에 1개씩 어긋나게 돋아난다.
② **마주나기눈**: 가지에 2개씩 서로 마주 보며 돋아난다.
③ **돌려나기눈**: 가지를 둥글게 둘러싸면서 3개 또는 그 이상의 눈이 돋아난다.

땅속의 삶

우리 눈에 보이지 않는 곳에서 활동하는 뿌리계는 자신의 모든 비밀을 털어놓지 않는다. 그래서 우리는 땅의 자원을 활용하는 뿌리의 놀라운 능력을 이제야 발견하게 된 것이다.

나무의 뿌리는 **세 가지 주요 역할**을 담당한다.

- 나무를 땅에 단단하게 고정해 준다.
- 물을 끌어온다.
- 흙 속에서 나무의 성장에 필요한 영양분을 찾아낸다.

바이오매스

나무는 재생 가능하고 고갈되지 않는 에너지 자원이라 불리는 '바이오매스biomass'(생물량) 또는 '그린 골드green gold'를 생산한다. 죽은 잎, 상한 열매 등으로 이루어진 나무의 유기성 폐기물은 비료가 되어 식물계에 생명을 불어넣어 준다. 보통 뿌리의 핵심은 지면에서 15센티미터 아래에 자리 잡고 있다. 그 지점의 토양에 가장 많은 영양분이 있기 때문이다.

최소 노력의 법칙

뿌리는 기회주의자이다. 뻗어나가는 길이 얼마나 수월한지에 따라 방향을 선택하기 때문이다. 게다가 뿌리는 지렁이가 파놓은 굴이나 오래된 뿌리가 썩어 분해되면서 생긴 빈 공간을 만나면 망설이지 않고 따라 들어간다. 뿌리는 장애물을 만나면 보통 그 위를 지지대처럼 사용하지만, 장애물이 강하게 저항한다면 자연스레 자리 잡히기 전에 장애물을 돌아서 지나간다. 그리고 수관이 자라는 동안 흙 속에서는 뿌리도 자라고 있다.

뿌리계

뿌리계를 구성하는 요소는 다음과 같다.

① **원뿌리(곧은 뿌리)**: 씨앗에서 나온 첫 번째 뿌리. 인간의 몸과 비교하면 동맥에 해당하며, 다른 뿌리는 정맥 정도로 볼 수 있다.

② **곁뿌리**

③ **잔뿌리**

④ **뿌리털**: 토양에 닿는 면적을 늘리고 물을 최대한 많이 흡수할 수 있게 한다.

뿌리와 뿌리의 동맹자들

나무는 토양 자원을 활용하는 능력이 굉장히 뛰어나다. 전통적인 뿌리 체계만으로도 평상시 필요한 부분

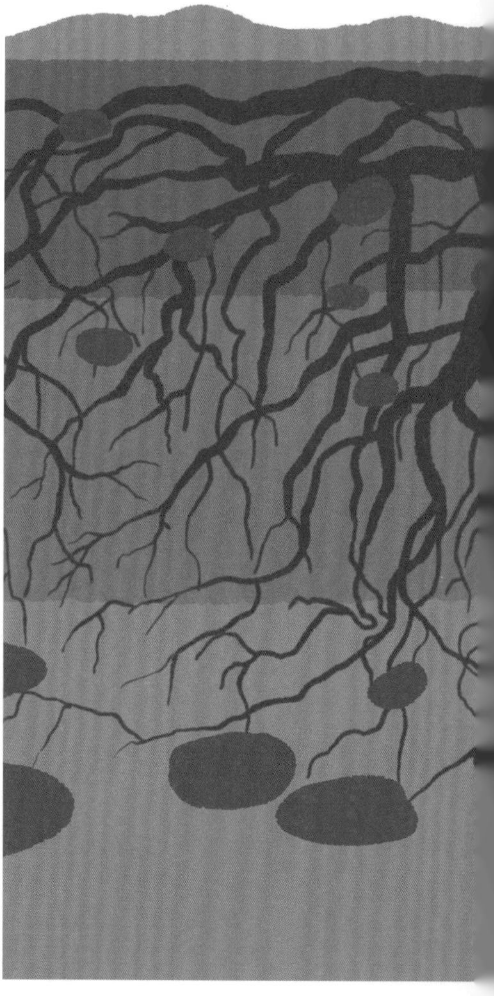

을 채우는 데 충분하지만, 나무는 수백만 년 전부터 생물학적 보험을 들어놓았던 것이다. 그런데 정작 우리는 나무의 놀라운 기지를 이제 막 이해하기 시작했다.

사실상 뿌리는 나무와 상부상조 관계인 균류와 동맹을 맺고 있다. 균류는 뿌리로부터 당분을 공급받는 대신 토양의 무기물을 뿌리에 준다. '균근'은 이러한 뿌리와 균류의 공생 관계를 보여준다.

얕은 뿌리로 만족하는 나무가 있는 반면,
곧은 뿌리로 땅속 깊숙하게 자리를
잡은 나무도 있다.

얕은 뿌리
가문비나무, 자작나무, 사시나무가 해당

곧은 뿌리
주목, 몇몇 소나무, 참나무가 해당

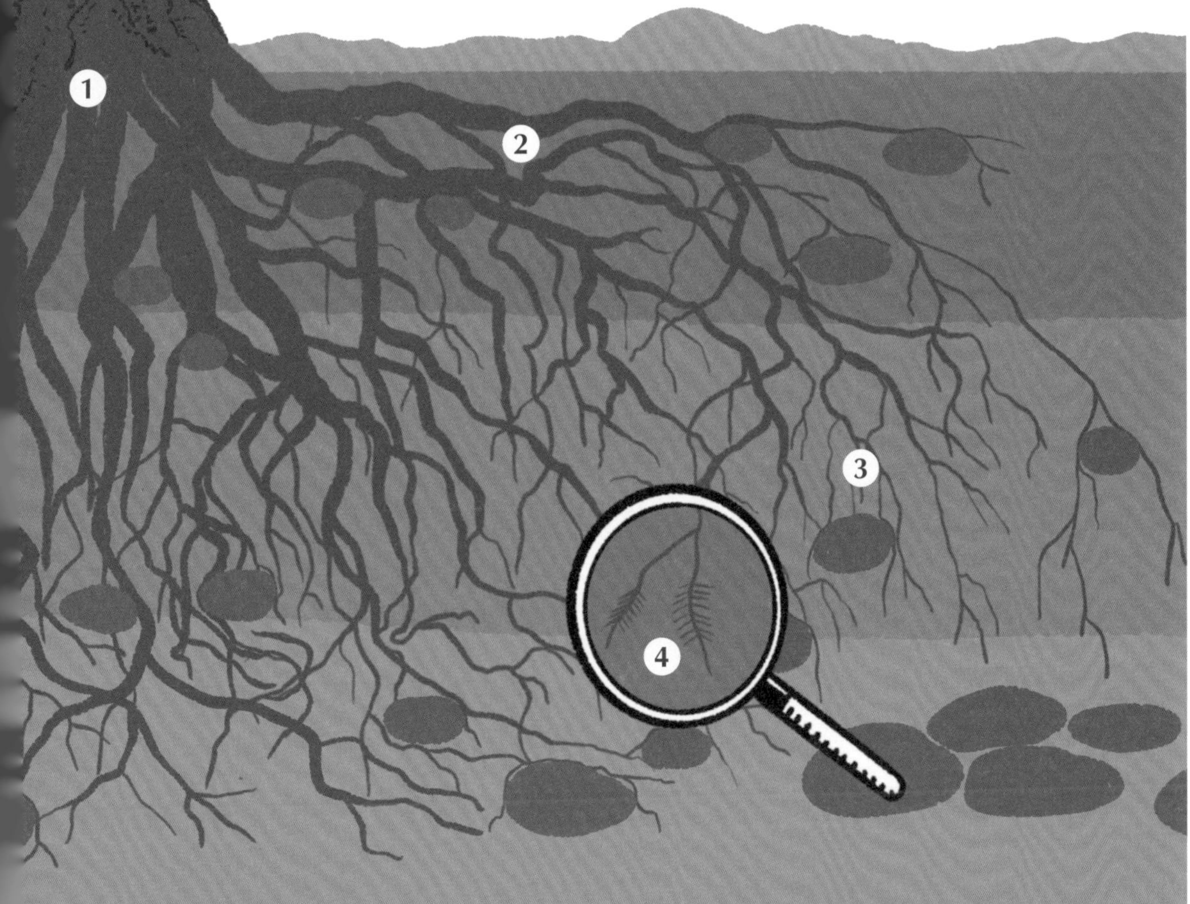

나무의 놀라운 관다발

나무는 위아래, 좌우로 성장할 수 있는 놀라운 생명 유지 체계를 가지고 있다.
그중에서 줄기를 구성하는 여러 층은 수액(물과 영양분)이 순환할 수 있게 한다.

뿌리에서 끌어올린 물은 변재의 나이테 덕분에 잎까지 올라가는데, 이 잎에서 생성된 수액은 나무껍질(수피)의 안쪽 부분인 내수피에 의해 다시 내려간다. 변재와 내수피 사이에 끼어 있는 형성층은 육안으로 거의 볼 수 없지만 나무의 생장에 필요한 세포들을 만들어 나무가 잘 자랄 수 있게 한다.

① 외수피

외수피의 형태는 형성층이 만든 내수피에 크게 좌우된다.

② 내수피

외수피와 형성층 사이에 위치한 내수피는 흡수성 층이며, 수액이 잎에서부터 새로 형성된 변재와 뿌리로 이동할 수 있게 한다.

③ 형성층

거의 보이지 않을 정도로 얇은 형성층은 나무의 놀라운 기계실인 관다발에서 중요한 역할을 한다. 형성층은 안쪽 물관부의 세포(변재 형성)와 바깥쪽 체관부의 세포(내수피 형성)를 계속 생성해 목재를 만든다.

④ 변재

조직이 살아 있는 부분이다. 대개 수액은 변재에 의해 순환한다. 변재는 수액을 끌어올리고, 영양분을 저장하거나 나무의 이곳저곳으로 운반한다.

⑤ 심재

프랑스에서 '부아 파르페bois parfait'(완벽한 목재)라는 별칭이 있는 심재는 조직이 죽은 부분으로, 나무의 쓰레기를 받아준다. 나무의 중앙에 있어 나무에서 가장 오래된 부분이다. 타닌, 수지, 색소 물질이 퇴적된 죽은 세포로 구성되어 있는 심재는 나무의 내구성을 높이고 나무를 더 단단하게 해준다.

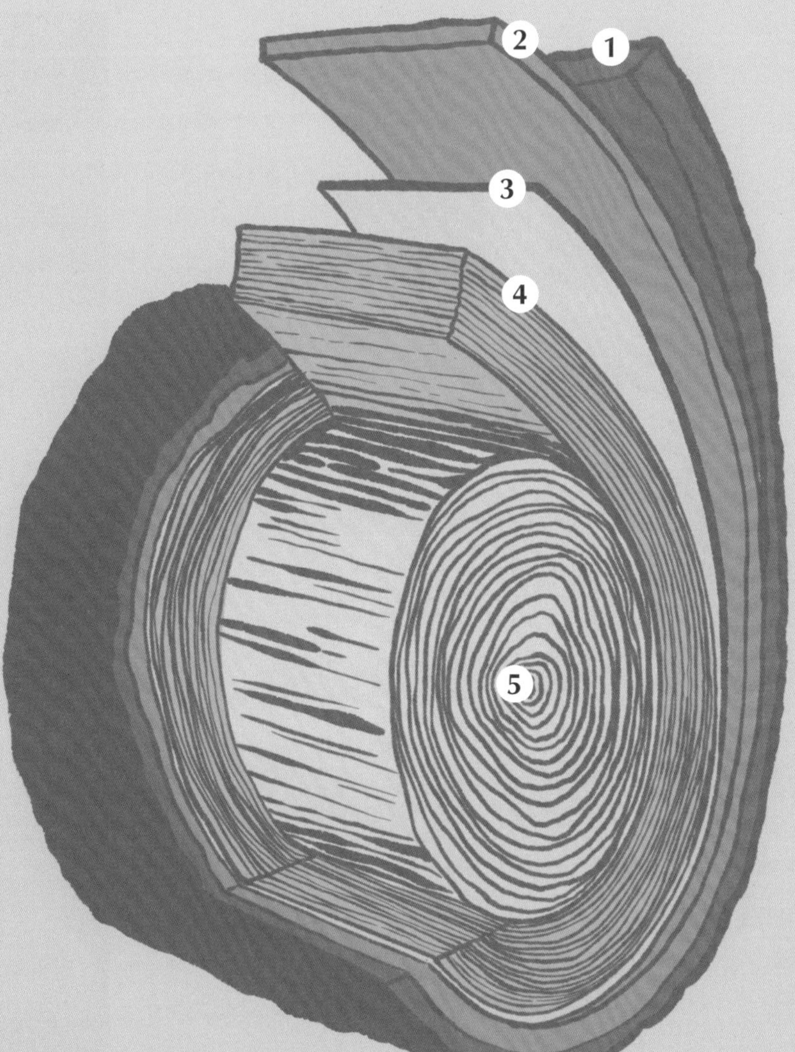

1
2
3
4
5

임관

관목층 위로 형성된 임관forest canopy(숲 지붕)은 숲에서 가장 높은 층으로 교목의 꼭대기에 해당한다. 수십 미터 높이에서 햇빛을 바로 받는 임관은 숲과 대기, 두 생태계 사이의 생태적 전이 구역, 즉 추이대에 해당된다.

빛에 접근

빛에 접근할 수 있는지가 숲속 나무의 성장을 결정한다. 숲속 나무들이 빽빽하게 자랄수록 임관에서 차지할 수 있는 자리는 점점 좁아진다. 그래서 꼭대기로 올라와 우점하는 나무들이 있는가 하면, 반대로 성장이 가로막히는 나무들도 있다.

수 미터의 두께로 형성된 임관에서 자라는 잎들이 태양 에너지의 대부분과 강수량의 약 3분의 1을 가져간다. 임관에서 꽃과 꽃꿀, 열매, 씨가 가장 많이 생산되기 때문에 생물 다양성이 굉장히 풍부하다.

바람에 의해서 쓰러지거나 나이가 들어 쓰러진 나무를 **도목**倒木이라고 하는데, 이렇게 쓰러진 나무는 빛에 접근할 수 있는 방법을 열심히 찾는다. 식물학자들의 연구에 따르면, 자신보다 더 오래 산 나무들이 오랫동안 '우점'하면서 그늘 아래에서만 살던 나무가 틈새로 내려온 빛을 이용해 보통보다 더 늦은 나이에도 충분한 활력을 되찾을 수 있었다고 한다. 이렇듯 나무는 인내심을 가지고 자신에게 주어진 성장의 기회를 잡을 줄 아는 식물이다.

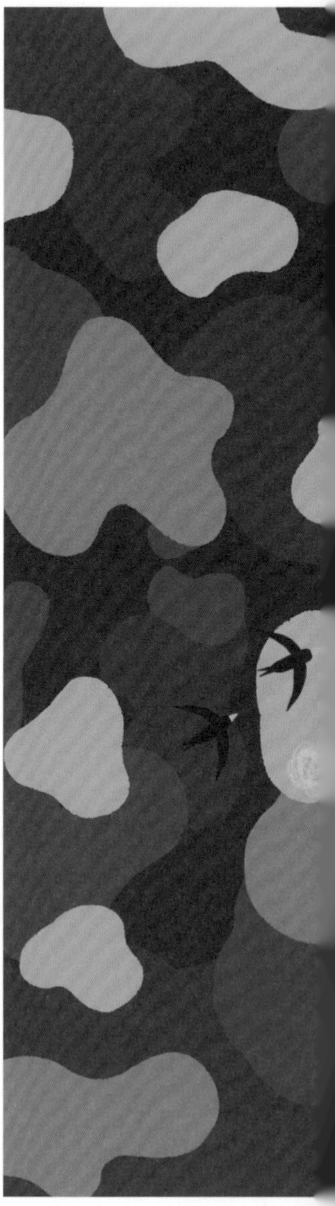

동물과 식물

임관에 서식하는 동식물군은 풍부하고 독특하다. 특히 열대림의 임관에는 다양한 동식물이 있다. **착생식물**은 다른 식물 위에서 자라면서도 그 식물의 영양분을 빼앗지 않는 식물로(기생식물과 다르다) 진정한 공중 생태계를 만든다. 또한 평생 땅을 밟지 않고 임관에서 살 수 있는 양서류와 같은 **동물**도 있다.

과학 탐사

임관은 오랫동안 사람들이 접근할 수 없는 곳이었다. 최근에는 **알려지지 않은 임관 영역을 관찰하기** 위한 여러 탐사 프로젝트가 시작되었다. 이를 위해 엔지니어들은 지구상에서 생물 다양성이 가장 높은 지역을 생물학자들이 연구할 수 있도록 에어로스탯aerostat과 공기 주입식 구조물을 만들기 위한 창의력 경쟁을 벌이고 있다.

숲

무엇보다 숲은 생물에게 만남의 장소이다. 숲에서 균류와 박테리아, 식물, 동물이 서로 만나 상호 작용을 하며 놀라울 정도로 풍부한 생태계를 만들기 때문이다. 일반적으로 최소 0.5헥타르의 토지 면적에서 나무들의 높이가 5미터를 넘고 수관이 10퍼센트 이상 덮여 있으면 숲이라고 한다.

숲의 기원

숲은 데본기 시대, 그러니까 약 3억 8,000만 년 전부터 존재했다. 결정적으로 숲이 출현하면서 지구에 사는 생물이 다양해졌다. 숲이 엄청난 양의 산소와 셀 수 없이 많은 식량을 공급하면서 지구상에 생명체가 생장할 수 있게 되었기 때문이다.

식물은 동물, 특히 수생동물 다음으로 등장했던 생물이지만, 현존하는 동물의 대부분은 식물 덕분에 생존할 수 있었다. 숲은 빛을 잡아내려는 식물 사이에 일어난 높이 경쟁의 결과물이다.

일차림과 이차림

일차림은 원시림의 최종 단계이다. 한 번도 훼손된 적이 없고, 경작되거나 개간된 적이 없는 숲이다. 일차림에는 나무들이 매우 높고 빽빽하게 자라며 동물, 식물, 미생물, 균류 등 매우 다양한 생물이 서식한다.

이차림은 인간에 의해 또는 여러 자연 현상(뇌우, 홍수, 지진)에 의해 극심한 교란이 진행된 숲이다. 이차림을 가만히 내버려 두면 다시 일차림이 된다. 이러한 변화에는 시간이 걸리는데, 그것도 아주 많은 시간이 필요하다. 예를 들면 식물이 빨리 자라는 열대 지방에서는 700년 정도 걸리고, 유럽(이제 원시림이 존재하지 않는 지역)에서는 약 1,000년이 걸린다.

선구수종은 무기질이 부족한 토양을 점령한다. 선구수종의 특징은 키가 작고 성장 속도가 빠르며 적응력이 높고 수명이 짧다(최대 50년)는 것이다. 선구수종은 뿌리를 통해서 질소를 고정해 황폐한 토양을 비옥하게 하고, 그늘을 만들어 교목이 될 어린 나무인 후기수종이 잘 자랄 수 있는 환경을 제공함으로써 이차림이 될 수 있게 도와준다. 수 세기가 흐르면서 교목종이 자리를 잡을 때까지 나무들은 자연적으로 선별된다. 이렇게 수 세기에 걸쳐 형성된 숲이 바로 생물학자 프랑시스 알레가 '세상에서 생물학적 복잡성을 가장 잘 보여주는 곳'이라고 부른 '성숙한 일차림'이다.

① 식물 플랑크톤

② 박테리아

③ 단세포 생물

④ 고식물

⑤ 현존 식물

나뭇잎의 지혜

잎은 나무에서 호흡과 영양을 담당하는 기관이다. 어린잎은 광합성의 필수 성분이자 활성 인자인 엽록소의 영향을 받아 초록색이 된다.

가을이 되면 나무는 엽록소 생산을 멈춰 다른 지용성 색소가 잎을 치장해 주는 색을 만든다. 예를 들어 참나무 잎의 노란색은 카로틴으로 인해 생긴 것이다.

가을이 끝날 무렵 빨갛고 노란 색소는 이제 사라진다. 잎은 건조해지고 짙은 갈색으로 변한 후 나무 아래로 떨어진다. 떨어진 잎은 겨울 동안 파괴되어 바이오매스를 만드는 일에 기여한다.

잎은 나무의 영양분을 모으는 일을 맡는다. 땅과 하늘 양쪽에서 동시에 영양분을 가져온다. 광합성을 통해 공기 중의 영양분을, 가지와 줄기, 뿌리를 통해 토양의 영양분을 모으는 것이다.

잎은 **낙엽성**(잎이 해마다 떨어진다) 또는 **상록성**(잎이 매겨울 떨어지지는 않는다)으로 구분된다. 잎의 수명은 짧다. 평균 6개월이며, 이와 달리 더 오래 사는 잎도 있다. 예를 들어 일부 전나무의 잎은 최대 8년까지 산다(바늘처럼 생겼더라도 식물학에서는 모두 '잎'이라고 부른다).

잎몸(잎에서 넓고 평평한 주요 부분)의 형태와 잎의 가장자리, 끝부분, 아랫부분의 모양에 따라 잎이 구별된다.

잎몸의 다양한 형태

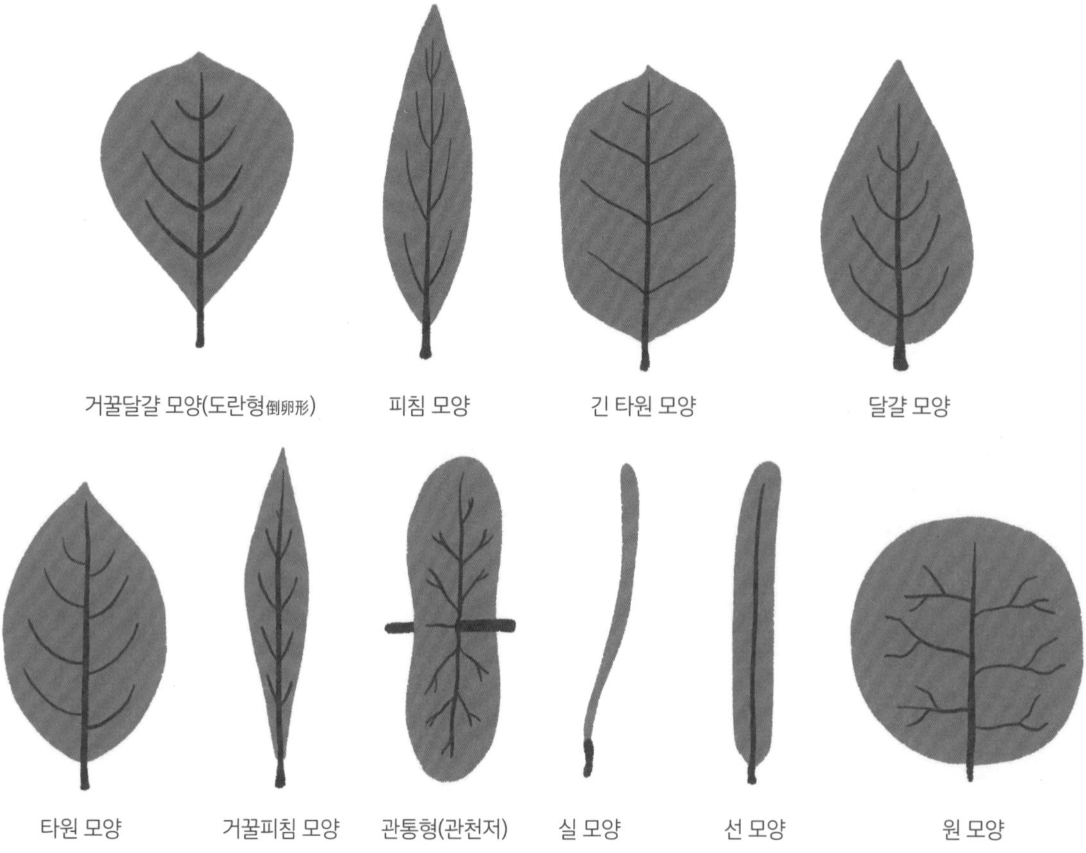

겹잎(복엽)

두번깃꼴겹잎(2회우상복엽)

깃꼴겹잎(우상복엽)

세겹잎(삼출엽)

손모양겹잎(장상복엽)

광합성과 탄소 순환

지구 온난화에 맞서 싸울 때 우리가 알고 있는 가장 확실한 동맹자이자 엄청난 생명 공급자는 바로 나무이다. 나무의 놀라운 생장 체계를 이해하다 보면 이 놀라운 식물 덕분에 인간이 무엇을 얻게 되었는지 알게 된다.

광합성

지구에 사는 거의 모든 생명체의 기본, 광합성은 나무에 영양분을 공급하는 동시에 동물과 인간에게는 숨을 쉬기 위한 산소를 공급한다. 나무에서 잎이 흡수한 햇빛은 뿌리가 끌어올린 물과 대기 중의 이산화탄소(CO_2)를 반응시키는 데 필요한 에너지를 제공한다. 이를 공식으로 나타내면 다음과 같다.

$$\underset{\text{대기 중의 이산화탄소}}{6CO_2} + \underset{\text{뿌리가 끌어올린 물}}{6H_2O} \rightarrow \underset{\text{나무의 포도당}}{C_6H_{12}O_6} + \underset{\text{지구를 위한 산소}}{6O_2}$$

빛을 최대한 많이 받으려고 나뭇가지에서 뻗어나온 초록색 잎들이 한 층 한 층, 층을 이룬다. 끝없이 치밀하게 위치를 조정하는 잎은 마침내 햇빛을 가장 많이 잡아낼 수 있는 완벽한 각도를 찾는다. 그래서 햇빛이 약할 때 나무는 빛을 최대한 많이 받을 수 있도록 잎을 직각으로 세운다.

이산화탄소는 **기공**(잎의 표면에 있는 아주 작은 구멍으로, 가스를 들이고 내보낸다)을 통해 들어간다. 기상 조건과 시간대에 따라 기공을 형성하는 두 개의 세포(공변세포)가 현관문처럼 열리고 닫힐 수 있다. 두 세포가 물을 흡수해 팽창하면서 기공의 문이 열린다. 부피가 커진 두 세포가 휘어져 빈 공간이 생기는 것이다. 주변 환경이 너무 건조하면 식물이 탈수되지 않게 기공이 닫힌다. 사람이 항상 입을 크게 벌리고 있지 않은 것과 같은 방식이다. 또한 빛이 없으면 이산화탄소를 가져와도 소용이 없기 때문에 기공은 밤사이 문을 닫고 있다.

나무의 잎은 **엽록소**가 있어 초록색이다. 햇빛은 빨강, 파랑, 초록 등 여러 색을 가지고 있는데, 엽록소가 이 모든 색을 흡수하고 따로 초록색만 반사하는 것이다. 그런데 엽록소의 작은 초록색 분자는 잎에 색을 주는 일만 하는 것이 아니다. 빛에서 광합성의 화학작용을 일으키는 에너지를 가져와 **포도당과 산소**를 만들어낸다. 그리고 산소의 초과분은 기공을 통해 대기 중으로 내보내져 인간과 모든 동물이 이용한다. 나무의 생장에 필수적인 당분인 포도당은 물과 섞여 수액이 된다. 포도당 분자들이 이산화탄소를 중앙에 두고 결합하면서 나무의 주성분인 섬유소(셀룰로스)를 형성한다.

탄소 순환

나무는 **지속 가능한 이산화탄소의 덫**으로 활동하며 온실효과를 줄이는 데 중요한 역할을 한다. 광합성에 의해 섬유소 형태로 심재에 묶인 이산화탄소는 부식이나 연소를 통해서만 배출될 수 있다. 그래서 2019년 파리 노트르담 대성당 화재 당시, 성당 골조의 목재 들보에서 약 1,000년 전부터 저장되어온 이산화탄소가 배출되었다.

현재의 기후 위기 상황에서 나무는 인간이 내뿜는 이산화탄소 배출을 상쇄하기 위한 최고의 선택지 가운데 하나가 되었다. 나무를 심고 건축 자재로 사용하면 이산화탄소를 붙잡아둘 수 있다.

꽃

적용 가능한 모든 기준 가운데 꽃은 일관성 있게 나무를 분류할 수 있는 유일한 기준이다.
그렇지만 꽃은 가장 연약하고 가장 짧은 생을 사는 기관이기도 하다.

꽃의 역할은 분명하다. 꽃가루와 밑씨의 수정으로 식물이 번식하는 것이다. **원추체식물**conifer은 거의 보이지 않는 과정을 통해 수정이 일어난다(원추체식물은 흔히 구과毬果라고 하는 원추체cone를 가진 식물로 구과식물이라고도 한다. 소나무, 잣나무 등이 이에 속한다. 그런데 사실 소나무, 잣나무 등 나자식물은 꽃이 피는 식물이 아니므로 열매가 열릴 수 없다. 따라서 엄밀히 따지자면 둥근 열매를 가진 식물이라는 의미의 구과식물은 맞지 않는 용어이므로 이 책에서는 '원추체식물'을 사용하기로 한다. '원추체' 및 '원추체식물'이라는 용어와 관련된 자세한 내용은 이규배의 『식물형태학』을 참조하라—감수자). 꽃이 피는 식물인 속씨식물은 수분 매개자를 유혹하는 아주 탁월한 능력을 가지고 있다.

엄밀히 말하자면 원추체식물은 꽃이 없다. 원추체식물의 생식 기관은 원추체이다. 폴렌원추체(수구화수)에서 많은 꽃가루가 만들어진다.

꽃의 크기와 형태, 색은 나무 종마다 무척 다양하다. 작은 크기, 그러니까 아주 작은 꽃(오리나무나 루브라참나무의 꽃)이 있는가 하면, 꽃봉오리가 뾰족한 꽃(목련이나 바오바브나무의 꽃)도 있다. **수술**은 **꽃밥**에 꽃가루를 담고 있다. **꽃잎**과 **꽃받침 조각**을 혼동해서는 안 된다. 대개 초록색을 띠는 꽃받침 조각들이 꽃 하나를 둘러싸면서 꽃받침을 이룬다. **꽃자루**는 꽃을 잔가지와 연결한다. 꽃에는 수꽃, 암꽃, 양성꽃이 있다.

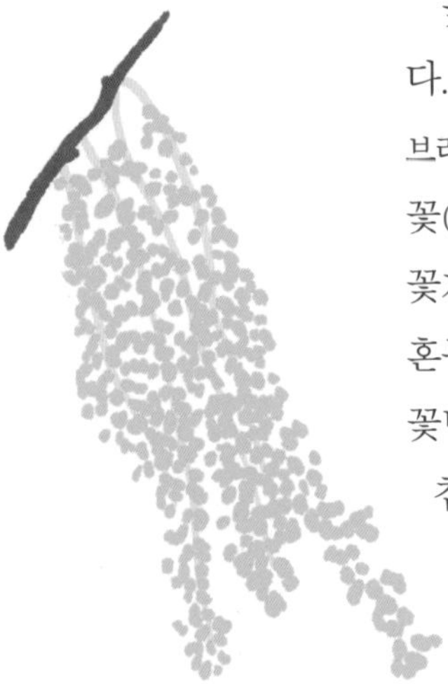

꽃차례

산형꽃차례(우산꽃차례)

산방꽃차례

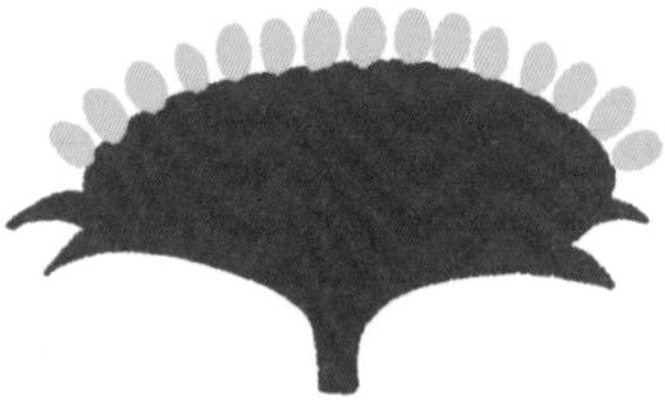

두상꽃차례

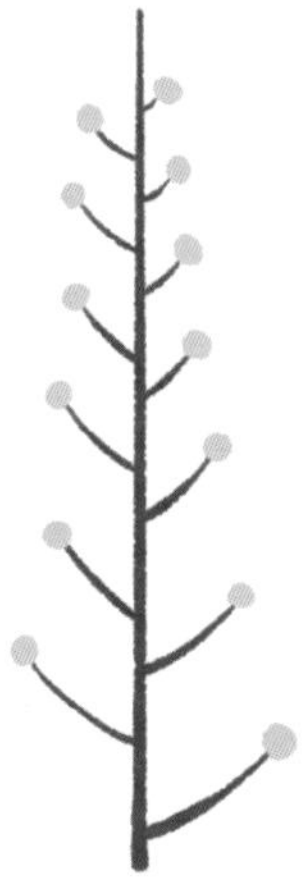

총상꽃차례

취산꽃차례

수상꽃차례(이삭꽃차례)

번식

나무는 새로운 공간을 확보하고 번식하기 위해 기발한 방법으로 서로 대결을 벌인다. 이를 위해 숲속의 모든 입주자와 자연을 구성하는 다양한 요소가 동맹자가 되는데… 가끔은 동맹 없이 번식이 잘 이루어지기도 한다.

굿 타이밍

사람과 동물처럼 나무도 성적으로 성숙한 나이가 존재한다. 그래서 성숙한 나이가 되기 전에는 꽃도 열매도 없다. 예를 들어 전나무나 너도밤나무는 50살 정도 되어야만 꽃을 피우기 시작하는 반면, 서어나무는 일찍 성숙해져 15살부터 씨를 퍼트린다.

사람처럼 나무도 나이가 들면서 생식 능력이 감소하며, 주기적으로 씨를 생산하지 않는다. 이러한 불규칙성은 외부 요인(환경, 날씨, 가지치기)의 영향을 받기 때문이다. 예를 들면 참나무(흔히 여러 참나무 종류를 통칭해서 '참나무'로 부르지만 식물학적으로는 옳지 않고 엄밀히 말하자면 '참나무류'라고 해야 한다—감수자)나 너도밤나무는 5~6년마다 풍성하게 열매를 맺는 반면, 전나무는 2년마다 열매를 맺는다. 포플러와 느릅나무의 열매처럼 작은 열매는 해마다 맺힌다.

원추체식물의 단순하고 기본적인 번식

최소한의 생식 기관을 가진 원추체식물(소나무, 잣나무 등의 송백류식물—감수자)의 번식 방법은 가장 단순하다. 배주원추체(암구화수)와 폴렌원추체(수구화수)는 바람에 의해 수정이 이루어지는데, 그렇다고 눈에 띄는 결과는 없다. 즉, 엄밀히 말하면 꽃이 피지 않는다.

꽃들의 경쟁

꽃의 역할은 꽃가루와 밑씨가 만나 수정되어 번식이 이루어지도록 하는 것이다. 꽃을 피우는 식물은 생식 기관을 보호하고 수분 매개자를 유혹하기 위해 복잡한 특성이 나타난다.

수정이 이루어지는 방식에 따라 꽃의 형태와 색, 꽃이 피는 계절이 달라진다. 꽃들이 유독 눈에 잘 띈다면 그 꽃들은 수분 매개자를 유혹하려 서로 경쟁을 벌이고 있는 것이다.

열매

수정된 암술 기관이자 꽃에서 발달된 열매—밑씨를 품고 있는 씨방—는 나무 번식의 중심에 있다. 예를 들면 살구에서 밑씨는 살구씨가 되고 씨방은 살구씨의 껍질(과피)이 된다. 과육은 화통花筒이 발달된 것이다.

원추체식물은 다르다. 원추체식물의 밑씨는 씨방이 없어 씨에 껍질이 없다.

열매의 목표는 모체 나무에서 최대한 멀어지는 것이다. 자연은 동물과 자연 구성 요소의 협력을 확보하기 위해서 가장 위대한 창의력을 보여주었다. 예를 들면 나무는 저장해둔 녹말의 많은 양을 희생시켜 열매의 과육을 만들어 새들을 유혹한다.

그렇지만 야생 상태에서 나무의 수를 안정적으로 유지하려면 발아에 성공하는 도토리(참나무속에 속하는 나무의 열매—옮긴이)의 비율이 아주 낮을 수밖에 없다. 다년생 식물인 나무의 번식은 기나긴 시간과 적응의 역사를 가지고 있다. 실제로 나무는 아무에게나 자신의 자리를 내어주지 않는 거대한 장수 생물이다. 이러한 더딘 시간(사람에 비해서)은 왜 원시림이 되려면 수 세기가 걸리는지 설명해 준다.

씨(종자)는 놀라운 힘을 가졌다. 보잘것없는 그저 작은 씨처럼 보일 수 있지만 배embryo 형태로 나무 한 그루의 미래를 품고 있다. 성숙한 씨는 뿌리 및 새싹의 시초와 영양 저장 기관들을 품고 있으며, 훗날 나무에서 처음으로 돋아날 잎들이 된다.

씨앗을 퍼트리는 수많은 기술

① **동물**: 동물들은 겨울을 대비해 저장 공간을 만들어 놓고선 가끔씩 그 장소를 잊어버린다. 예를 들어 다람쥐는 군데군데 조금씩 도토리를 묻어 놓는다.

② **새**: 새는 나무의 열매를 먹고 배설물을 통해 씨를 사방에 퍼트린다.

③ **공기주머니**: 작은 공처럼 생긴 공기주머니가 씨앗(예를 들면 오리나무의 씨앗)을 감싸 둥둥 떠다니며 해변이나 습한 토양으로까지 날아갈 수 있게 한다.

④ **날개**: 날개는 헬리콥터의 원리로 작동한다. 아이들은 날개형 씨앗을 보고 헬리콥터라고 부르기도 한다. 단풍나무의 시과가 완벽한 예이다.

⑤ **분사(자가산포)**: 풍년화처럼 키가 작은 나무가 쓰는 방법이다. 나무가 씨앗을 2미터까지 멀리 보낼 수 있게 진화한 것이다.

⑥ **바람**: 바람은 가장 가벼운 씨앗을 실어 나른다. 예를 들면 버드나무와 포플러는 솜털과 공기처럼 가벼운 씨앗을 만들어 처음 만나는 비바람에 바로 날려 보낸다.

겉씨식물과 속씨식물

모든 나무는 식물을 나누는 두 그룹인 겉씨식물과 속씨식물 중 하나에 속한다.
열매를 맺지 않는 식물은 겉씨식물, 열매를 맺는 식물은 속씨식물이라고 부른다.

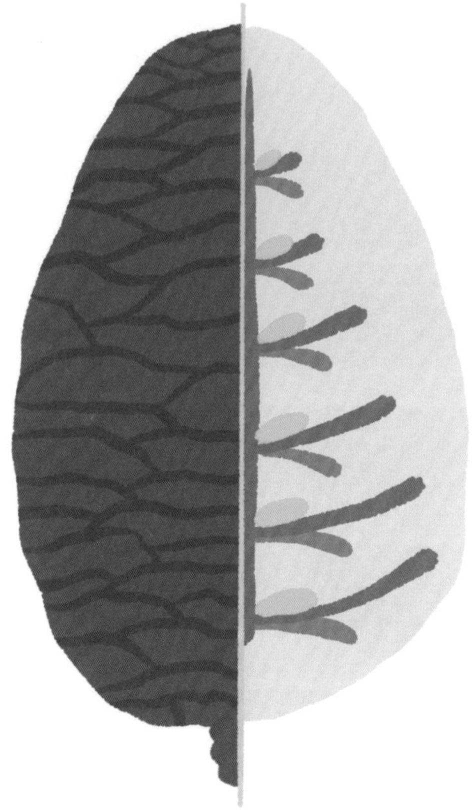

겉씨식물

오랫동안 최대 식물군으로 군림했던 겉씨식물은 아주 오랜 옛날 공룡 시대에는 수천 종이 있었을 것이라고 한다. 하지만 오늘날에는 겉씨식물의 수가 줄어들어 겨우 800여 종이 있으며, 주로 북반구의 거대 숲에 분포되어 있다.

겉씨식물은 특징이 뚜렷하다. 예를 들면 꽃의 크기가 작고, 다채로운 색을 가진 큰 꽃잎을 피우지 않는다. 꽃은 단성꽃으로 수꽃과 암꽃이 있고, 양성꽃은 없다. 겉씨식물 중 원추체식물의 배주원추체('밑씨원추체' 또는 '암구화수'라고도 하며, 암술꽃에 해당한다—감수자)는 성숙해지면 씨를 싸고 있는 인편이 여러 개 모여서 원뿔 등의 모양을 갖춘다(종자원추체). 소나무의 종자원추체는 원뿔 모양이고, 가문비나무의 종자원추체는 원기둥 모양, 세쿼이아의 종자원추체는 달걀 모양, 사이프러스의 종자원추체는 둥근 모양이다. 종종 용어를 잘못 사용해 배주원추체를 폴렌원추체('수구화수'라고도 하며 수술꽃에 해당한다—감수자), 즉 꽃가루가 달린 원추체라고 부르기도 하는데, 우리가 흔히 알고 있는 원추체(솔방울 등)는 성숙한 배주원추체이다. 따라서 단독으로 사용되는 용어 '원추체'는 성숙한 배주원추체를 가리킨다. 종자원추체를 이루고 있는 각각의 인편은 밑씨와 포bract로 구성되어 있다. 결과적으로 각각의 인편이 꽃 1개인 셈이다.

시과
막질의 날개 모양으로 돌기가 있는 열매이다.
예: 단풍나무, 느릅나무, 물푸레나무의 열매 등

장과(액과)
과육으로 꽉 찬 열매이다.
예: 아보카도(가운데 큰 씨 하나를 핵으로 혼동해서는 안 된다), 월귤, 붉은 커런트의 열매 등

견과
스스로 터져서 열리는 열매이다.
예: 호두, 밤, 도토리 등

수과
스스로 터져서 열리지 않는 열매이다.

핵과
핵이 과육으로 둘러싸인 열매이다.
예: 체리, 자두, 살구, 복숭아, 올리브 등

이과
식물학에서 사과와 배를 지칭하는 용어이다.
이과는 씨방 이외의 부분인 꽃받침과 수술 등이 함께 발달되어 육질 조직을 이루는 특징이 있다.

속씨식물

속씨식물은 26만 종이 넘고, 그중 6만 5,000종은 참나무, 너도밤나무, 피나무, 느릅나무 등 '활엽수'라고 불리는 나무들이다. 속씨식물에 속하는 나무는 56목, 약 445과, 1만 2,000속으로 분류된다. 인간 사회에서 속씨식물은 경제적으로 상당히 중요하다. 우리에게 식량과 원재료를 제공하고 관상식물이 되기도 한다.

속씨식물의 꽃이 보여주는 아름다운 꽃잎, 예쁜 색깔, 그리고 꽃에서 풍기는 독특한 향 등은 식물이 자라는 지역의 환경에 적응한 결과물이다.

무엇보다 속씨식물을 하나로 묶는 요인은 열매이다. 속씨식물로 분류하기 위해서 학자들은 열매의 다양한 형태를 분류하고 설명하는 과실 분류학carpology을 활용하고 있다.

꽃 1개의 씨방에서 자라 단독으로 만들어지는 단과(홑열매), 같은 꽃차례에서 피어난 여러 꽃에서 자란 복과(집합열매)가 있다. 과육이 많은 열매는 장과, 핵과, 이과로 세분화된다.

나무 알아보기

자연주의 입문서이자 자연으로의 여행을 위한 초대장인 이 책을 구상할 때 많은 독자에게 유익하기를 바라는 마음이었다. 다음과 같은 내용이 담긴 이 책은 여러분 주위에 있는 나무가 무슨 나무인지 알아볼 수 있도록 도와줄 것이다. 아래에 이 책을 활용하는 방법에 대해 설명했다.

형태에 따른 분류

일반적으로 나무 관련 안내서는 학명, 과의 명칭에 따라 나무들을 나눠 알파벳 순서로 분류한다. 이러한 순서에 따른 분류는 깔끔해 보이는 장점이 있지만 독자가 나무의 학명이나 다양한 과를 알고 있어야 한다는 전제 조건이 있다. 학명을 잘 알고 있는 독자라면 이 책의 뒷부분에 우리말뿐만 아니라 라틴어로 정리된 '나무 이름 찾아보기'를 참조하기 바란다.

그렇지 않은 독자라면 알고 싶은 나무의 형태를 관찰하는 것만으로 충분하다. 무엇보다 나무의 생김새는 환경, 특히 나무가 있는 공간과 빛에 긴밀하게 영향을 받기 때문에 다를 수 있다는 점에 유의하자. 이 세상에서 감탄을 자아내고 주변 환경에 잘 적응할 수 있는 생명체가 존재한다면, 그건 바로 나무다!

❶ 형태

모든 사람이 쉽게 접근할 수 있도록 형태에 따라 나무를 분류했다.
나무의 형태를 규정하는 여러 용어가 있는데, 이 책에서는 다음의 다섯 가지 용어를 선택했다.

피라미드 모양
줄기가 굵은 가지로 갈라지면서 길어지지 않고, 나무의 꼭대기까지 곧게 뻗어 자란다. 곁가지가 좌우 대칭을 이루며 자라는데, 나무의 꼭대기로 올라갈수록 길이가 점점 짧아진다.

부채 모양
주로 관목 형태이다. 가지가 사방으로 마구 자라면서 규칙적인 형태가 무엇인지 알아내기 힘들다.

구름 모양
하늘을 가득 채우는 구름처럼 생긴 나무 모양이다. 수관의 형태가 다양하다. 영국인들은 이런 형태의 나무를 '구름 같은cloud like' 모양의 나무라고 귀엽게 표현하기도 한다. 나무의 생김새는 공 모양부터 타원, 달걀 모양까지 약간 규칙성을 띤다.

붓 모양
줄기에서 갈라져 나간 가지는 줄기와 예각을 이루며 곧게 뻗어 자란다. 이러한 유선형 나무는 꼭대기가 뾰족하다. 금속 고리로 고정된 붓처럼 생겼다.

층계 모양
가지가 수평을 이루거나 또는 살짝 기울어져 있다. 나뭇잎이 이루는 수관의 윗부분이 고르지 않다는 특징이 있다. 단층으로 가지를 뻗은 나무를 '파라솔' 모양의 나무라고 부르기도 한다.

Populus tremula

사시나무

"나의 엄청난 무지를 당신에게 고백하자면 나는 호밀과 밀, 포플러와 사시나무를 구분하지 못한다네."
프랑스 소설가 오노레 드 발자크가 쓴 『골짜기의 백합』의 한 구절이다.
높은 줄기와 회색 수피, 털이 있는 꼬리모양꽃차례로 모양낸 사시나무는 여러분이 프랑스의
대문호보다 한 가지라도 더 멋진 일을 할 수 있게 돕는 좋은 벗이 될 것이다.

가을 잎 ❺

❷

목: 버드나무목
과: 버드나무과
속: 사시나무속
사시나무속의 수종: 35종

어디에서 볼 수 있을까?
사시나무는 들판과 나무들이 듬성듬성 자라는 숲의 가장자리, 암석이 많은 경사 지대를 좋아한다. 생명력이 아주 강한 사시나무는 모든 유형의 토양에서 자라며 도시 공해를 견딘다. 해발 2,000미터까지의 지대에서 발견된다.

150

평균 수령	❸ 성장 속도	형태 ❶
100년	매우 빠름	줄기가 높고 가늘며 전체적으로 호리호리하게 생긴 사시나무는 중간 높이로(30미터까지, 대부분 이보다 작다) 자란다. 연약한 가지들이 듬성듬성 자라면서 나무 꼭대기를 이룬다.

❹

❶ **잎**: 긴 잎자루에 달린 잎은 스페이드 모양이다. 엄청 살살 부는 바람에도 잎이 흔들린다.

② **잔가지:** 갈색이며 반들반들하다.

③ **수피와 목재:** 금빛 또는 은빛을 띠는 회색 수피는 매끄러운 상태를 오랫동안 유지하다가 시간이 흐르면서 갈라지고 색이 점점 더 짙어진다. 하얗고 가벼운 목재는 성냥을 만들 때 사용된다!

④ **눈:** 뾰족하고 날카롭다. 니스를 칠한 듯 반짝이고 털이 없다.

⑤ **꽃:** 꼬리모양꽃차례로 피는 수꽃은 아름다운 연한 빨간색의 포 형태이며 털이 길게 나 있고, 원기둥 모양을 이루며 매달려 있다. 꼬리모양꽃차례로 피는 암꽃은 흰색이다.

⑥ **열매:** 크기가 아주 작은 달걀 모양의 삭과이다. 양털 같은 털이 두껍게 덮여 있다.

지구에서 가장 오래 산 생물
세상에 알려진 가장 나이가 많은 생물은 8만 년을 살고 있는 북미사시나무*Populus tremuloides*들로 하나의 군락을 이루며 살고 있다. 판도Pando('뻗어나간다'라는 의미를 가진 라틴어 단어)라는 별칭으로 불리는 이 북미사시나무 군락은 미국 유타주에 있으며 수만 그루의 나무들이 동일한 하나의 뿌리를 공유하고 있어 진정한 단일 종의 정수를 보여준다.

151

❷ 분류

세계식물원보존협회BGCI의 연구에 따르면, 전 세계에 60,065종의 다양한 수종이 있다고 한다. 그렇지만 수종의 분류에 있어서 식물학자들의 의견이 늘 일치하는 것은 아니다. 이 책에서는 어쩌면 잘못된 내용일지도 모를 정보만을 편협하게 활용하기보다는 여러 자료 사이에 일치하는 분류 방식을 참고해 따랐다.

❸ 성장 속도

나무의 성장 속도는 분명 나무마다 다르다. 환경이나 나무가 받는 관심 정도, 기후 조건에 따라서 두 그루가 같은 종이더라도 다른 속도로 성장할 수 있다. 따라서 각 나무의 '성장 속도' 항목에서 다루어지는 정보가 정확한 과학의 영역은 아니다. 최적의 조건에서 나무가 성장하는 시간을 추정한 수치이다.

❹ 핵심 포인트

나무는 수피, 잎의 모양, 열매 등에 저마다 고유의 특징이 있어서 한눈에 알아볼 수 있다. 검은색 바탕에 흰색 글자로 표시된 항목(예를 들면 위 '사시나무'의 '**잎**' 등)은 해당 나무의 눈여겨볼 특징을 담고 있다.

❺ 계절

특별한 경우를 제외하고 이 책에서 나무는 봄철에 돋아난 잎들로 표현되었다. 수관의 아름다운 모습을 다양하게 보여주기 위해서 가을 또는 겨울 시기 나무의 모습을 소개하기도 했다. 이러한 경우에는 어느 계절인지 따로 언급되어 있다.

Abies alba

흰전나무

전나무와 가문비나무는 서로 닮았지만 다른 속으로 분류된다. 전나무의 종자원추체는 위를 향해 곧게 서 있고 잎은 잔가지에 바짝 붙어 자라지만, 가문비나무의 종자원추체는 아래를 향해 매달려 있고 잎에는 잎자루가 있다.

목: 구과목 | **과:** 소나무과 | **속:** 전나무속 | **전나무속의 수종:** 40종

어디에서 볼 수 있을까?

여기 취향이 아주 분명한 나무가 있다. 흰전나무는 식양토를 비롯해 알칼리성과 적당한 산성을 띠며 서늘하고 토심이 깊은 토양을 좋아한다. 무엇보다 흰전나무는 더운 여름, 비가 많이 오는 날씨, 습한 공기를 선호한다. 해발 2,000미터까지의 지대에서 자란다. 북유럽과 이탈리아반도, 알프스산맥 및 피레네산맥 북쪽에서 흰전나무를 볼 수 있다.

평균 수령	성장 속도	형태
700년	보통 (20년 동안 10미터)	원뿔 모양이고 줄기가 곧으며 키가 크다(50미터까지 자랄 수 있다). 나이가 많은 나무의 꼭대기는 폭이 더 넓다. 전나무는 모두 북반구에서 왔다.

① **바늘잎:** 납작한 바늘잎은 끝이 뾰족하지 않고 둥그스름하다. 잎의 길이는 2~3센티미터이다. 잔가지에 나선형으로 돋아난다. 잎의 표면에 은색 띠가 두 줄 있다.

② **잔가지:** 회색빛이 돌고 매끈하며, 아주 짧은 솜털로 덮여 있다.

③ **수피와 목재:** 옅은 은빛이 도는 회색 수피는 매끈한 상태로 오래 유지되다가 시간이 흐르면서 벗겨진다. 목재는 분홍빛이 살짝 돌고 수지가 없으며, 심재는 갈색이다. 목재는 가구의 골조나 내부 자재로 쓰인다.

④ **눈:** 작은 구형의 눈은 끝이 둥그스름하고, 수지가 거의 없다.

⑤ **원추체:** 배주원추체는 밝은 초록색이고, 육질의 작은 원뿔 모양이다. 잔가지의 윗면, 특히 나무의 꼭대기에서 배주원추체가 돋아난다. 노란색의 폴렌원추체는 달걀 모양이고 크기가 아주 작다.

⑥ **종자원추체:** 잔가지에 곧게 수직으로 세워진 종자원추체는 시가 담배처럼 굵고 원기둥 모양이다. 인편이 오돌토돌 돌출되어 있으며 포는 뾰족하고 끝이 아래로 굽어 있다. 가을이 오면 인편이 떨어지고 종자원추체의 축만 남아 잔가지에서 겨울을 견딘다.

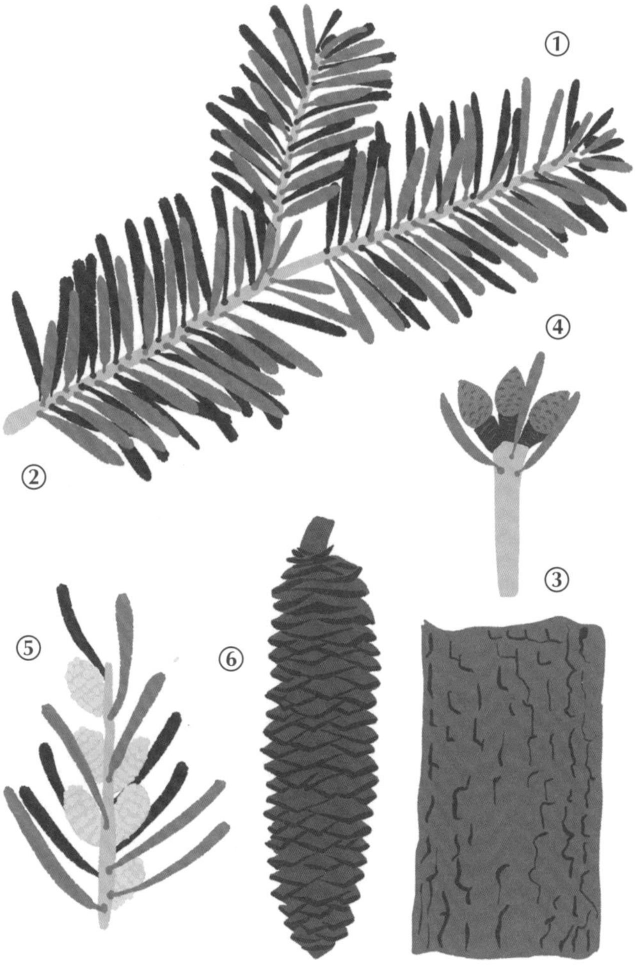

화가와 음악가를 위한 목재

전나무의 껍질은 산업 현장에서 사용되는 타닌을 함유하고 있는데, 이 타닌으로 이를테면 테레빈유를 만든다(유화 물감을 용해할 때 쓰는 테레빈유와는 다르다). 누르스름한 목재는 울림이 좋아 오르간의 파이프 등 악기를 제작하는 데 쓰인다.

Alnus incana

회색오리나무

음향과 관련된 오리나무의 특징은 인상적이다. 스트라토캐스터라는 유명한 일렉트릭 기타 등 기타 제작에서 매우 좋은 평을 받는 목재 가운데 하나가 바로 오리나무의 목재이기 때문이다. 회색오리나무의 학명에서 종소명인 라틴어 '*incana*(인카나)'는 머리카락을 비유하는 표현으로 '희끗희끗하다'라는 뜻이다.

목: 참나무목 | **과:** 자작나무과 | **속:** 오리나무속 | **오리나무속의 수종:** 30종

어디에서 볼 수 있을까?

햇빛을 좋아하며 물이 있는 곳이라면 쑥쑥 자라는 까다롭지 않은 나무이다. 석회질 토양이든 동해를 입거나 바람에 영향을 받는 토양이든 상관없이 모든 유형의 토양에서 잘 자란다. 또한 염분을 견디지만 고여 있는 물은 싫어한다. 미국, 영국, 알래스카, 안데스 지방에서 볼 수 있다.

평균 수령	성장 속도	형태
100년	빠름	대부분 관목의 높이를 넘는다. 원뿔 모양이고 가끔 한쪽으로 기울어지기도 하는 회색오리나무는 주로 침엽수림의 가장자리에 작은 숲을 이룬다.

❶ **잎**: 잎의 끝은 뾰족하고, 가장자리에는 이중 톱니가 있다. 잎몸이 넓다. 잎의 뒷면은 흰색 솜털로 덮여 있다.

② **잔가지**: 회색 털로 덮여 있다가 나중에는 털이 거의 없어진다.

③ **수피와 목재**: 수피는 은빛이 돌고 매끈하다. 목재는 노르스름한 색이고, 질이 나쁘다.

④ **눈**: 가늘고 길며 초록색이다. 눈 자루가 길게 달려 있다.

⑤ **꽃**: 꼬리모양꽃차례로 피는 수꽃은 길게 아래로 늘어진다. 역시 꼬리모양꽃차례로 피는 암꽃은 수직으로 서 있고 크기가 아주 작다.

⑥ **열매**: 열매는 갈색의 작은 구형으로 씨가 밀집해 자라며, 열매 자루는 짧다. 짧은 날개가 있는 수과이며 바람에 의해서 퍼진다.

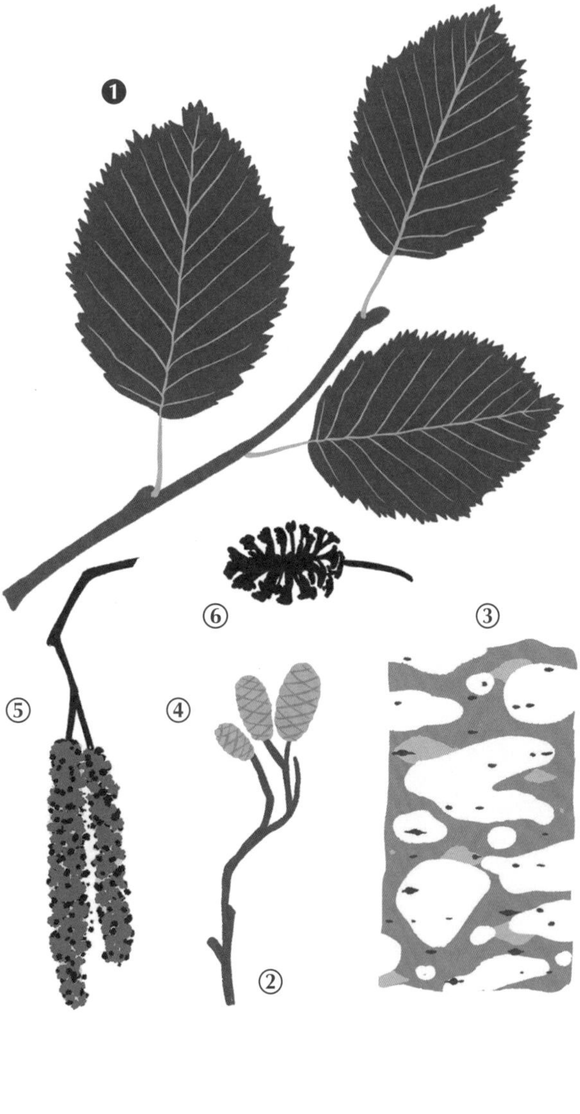

괴테와 오리나무

독일 작가 요한 볼프강 폰 괴테의 유명한 시 「마왕」(독일어 제목 'Erlkönig'에서 'erle'와 프랑스어 제목 'Le Roi des Aulnes'에서 'aulne'는 '오리나무'라는 의미가 있다 — 옮긴이)은 한 아이가 숲속에 사는 사악한 마왕을 만나는 이야기이다. 괴테가 고대 그리스·로마 문학에서 영감을 얻은 것일까? 고대 그리스·로마 사람들에게 오리나무는 죽음의 신을 상징하는 나무였기 때문이다.

Araucaria araucana

칠레소나무

또는 원숭이들의 절망

'아라우카리아 *Araucaria*'라는 속명은 칠레 인디언 아라우칸족의 이름에서 온 것이다. 칠레의 중앙에 위치한 아라우칸족의 땅에서 서양 식물학자들이 칠레소나무(흔히 아라우카리아 나무라고 한다)를 처음 발견했다. 칠레소나무는 유럽에서 '원숭이들의 절망'이라는 별칭으로 불렸다. 18세기 탐험가들은 단단하고 가시가 있는 칠레소나무에 원숭이가 못 올라갈 거라고 상상했던 것이 분명하다… 그런데 칠레에는 원숭이가 살지 않는다!

목: 구과목 | **과:** 아라우카리아과 | **속:** 아라우카리아속 | **아라우카리아속의 수종:** 15종

어디에서 볼 수 있을까?

칠레와 아르헨티나 서남 지역의 고유종인 칠레소나무는 놀라운 개체군을 형성한다. 습한 공기와 경작이 잘되고 토심이 깊으며 물이 잘 스며드는 토양을 필요로 한다. 여름 햇빛을 좋아하고 까다로운 겨울을 견딘다. 전 세계에 고르게 분포되어 있다.

평균 수령	**성장 속도**	**형태**
2,000년	느림	겉모습이 아주 단단해 보이는 칠레소나무는 플라스틱으로 된 인조 나무처럼 생겼다. 꼭대기가 뭉툭한 피라미드 모양이다. 수평을 이루는 가지들의 끝이 위를 향해 올라가 있으며, 줄기는 곧다.

❶ **잎**: 상록성이다. 생김새가 단단해 보이며, 무척 억세고 날카롭다. 잎이 잔가지를 완전히 덮고 있고, 끝이 위로 올라가 있다.

② **잔가지**: 윤이 나는 짙은 초록색 잎으로 덮여 있다.

③ **수피와 목재**: 수피의 색은 골든 브라운이다. 엽침이 나오면서 수피가 주름살처럼 가로로 갈라진다. 목재는 불그스름한 색으며 무르고 가볍다. 합판 및 판지 제작, 목공 등 다양한 분야에서 목재가 사용된다.

④ **원추체**: 폴렌원추체는 원기둥 모양이고 늘어져 있으며, 작은 잎처럼 생긴 수백 개의 소포자엽이 있다.

❺ **종자원추체**: 아티초크 크기의 종자원추체는 공 모양이며 2년에 걸쳐 수직으로 자란다. 인편의 끝이 뾰족하고 길다. 씨는 식용이 가능하다.

보호종

칠레에서는 사람들이 칠레소나무의 씨(우리나라의 잣과 유사하다—감수자)를 무척 좋아해 해마다 엄청나게 많은 씨를 수확했다. 그러나 칠레소나무가 '멸종 위기에 처한 야생 동식물의 국제 거래에 관한 협약CITES(사이테스)'에 의해 보호받는 종으로 분류된 이후부터 칠레소나무와 해당 나무에서 파생된 것을 판매하는 행위가 금지되었다.

Larix decidua

유럽잎갈나무

잎갈나무는 바늘잎이 겨울에 떨어지는 흔하지 않은 나무이다. 유럽잎갈나무는 잎갈나무속 수종 중에서도 유일하게 여름이 되면 잎들이 작은 로제트형으로 돋아난다.

목: 구과목 | **과:** 소나무과 | **속:** 잎갈나무속 | **잎갈나무속의 수종:** 10종

어디에서 볼 수 있을까?

해발 2,400미터까지의 산에서 자라는 나무이다. 햇빛, 탁 트인 공간, 건조하고 서늘한 토양을 좋아한다. 도시 지역에서 잘 자라지 못한다. 가을에 색이 아름답게 변해 영국식 정원에서 관상용 나무로 많이 사용된다. 폴란드 북부, 리투아니아 남부, 중부 유럽, 캐나다 남부, 미국 북동부, 알래스카에서 볼 수 있다.

평균 수령
200년에서 300년까지 살 수 있다.

성장 속도
빠름
(15년이면 성숙한 나무가 된다.)

형태
원뿔 모양이며 줄기가 곧다. 낙엽성 바늘잎이 봄에 매우 연한 초록색을 띠다가 가을에 선명한 적갈색으로 변해 유럽잎갈나무는 우아한 인상을 풍긴다.

① **바늘잎:** 낙엽성 바늘잎은 색이 변해 유럽잎갈나무를 아름다운 관상용 나무로 만들어준다.

② **잔가지:** 연분홍부터 연노랑까지 다양한 색을 띠는 잔가지는 털이 없으며 흰색 가루(분비물)로 뒤덮여 있지도 않다.

③ **수피와 목재:** 수피는 적갈색이며 매우 두껍고 넓게 갈라진다. 단단하고 내구성이 좋은 목재는 산속 오두막을 짓는 데 사용되는 등 주로 건축재로 쓰인다.

④ **눈:** 갈색이고 달걀 모양이며 크기가 작다. 윤이 난다.

⑤ **원추체:** 꼬리모양꽃차례와 흡사한 모양으로 달리는 배주원추체는 봄이 완연해지면 새로 돋아난 초록색 잎 사이에서 루비색으로 피어난다. 배주원추체는 짧은 잔가지 위에 수직으로 솟아 있다.

⑥ **종자원추체:** 달걀 모양의 종자원추체는 붉은색에서 갈색으로 변한다. 인편은 굽어 있지 않거나 살짝 굽어 있으며, 그 수는 많지 않다.

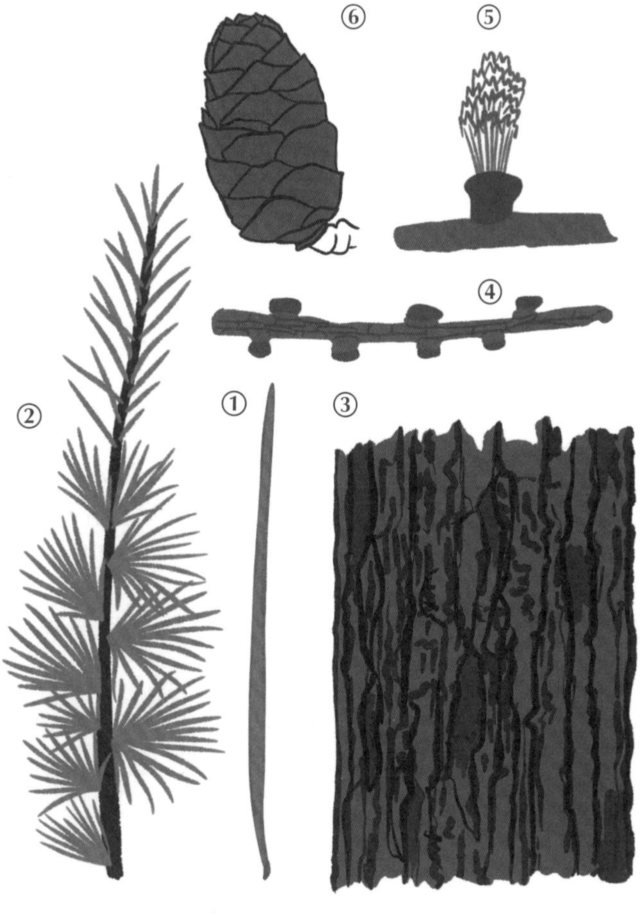

추잉 껌보다 더 좋은

유럽잎갈나무의 수지로 사람들은 기적을 만든다. 예를 들어 베니스의 테레빈유라고 불리기도 하는 유럽잎갈나무의 수지로 부드럽고 투명한 도료를 만든다. 그리고 나무껍질뿐만 아니라 봄이 시작될 때 잎에서 수지를 채취해 하얗고 끈적끈적한 작은 알갱이로 만들면 질겅질겅 씹기 좋은, 싱거우면서도 달콤한 껌이 되는데, 프랑스 사람들은 이를 '브리앙송의 만나manne de Briançon'라고 부른다.

Magnolia grandiflora

태산목

목련을 닮은 태산목은 유럽에 처음 들어온 후 하마터면 순식간에 잊힐 뻔했다.
가죽질의 잎을 가진 태산목은 온실에서 여러 해 재배되던 중 어느 정원사가 노지에 옮겨 심었다.
이후 풍성하게 꽃을 피우기 시작하면서 관심 밖의 존재였던 태산목은 큰 인기를 얻게 된다.

목: 미나리아재비목 | **과:** 목련과 | **속:** 목련속 | **목련속의 수종:** 35종

어디에서 볼 수 있을까?

보통 남쪽이나 서쪽으로 향해 있는 담장 가까이에 태산목을 심는다. 석회질이 아닌 지대를 선호하고 영양분이 매우 풍부한 토양을 좋아한다. 따라서 습하고 영양분이 많은 토양에 태산목을 심는 것이 좋다. 날씨가 너무 추우면 잎들이 해를 입는다. 북아메리카가 원산지로 한국 남부 지방, 동남아시아에서 볼 수 있다.

평균 수령
약 100년

성장 속도
비교적 느림
(20년 동안 9미터)

형태
30미터까지 수월하게 자란다(목련과 나무 중에서 가장 크다). 수관이 피라미드 모양이나 고르지 않다.

❶ **잎**: 잎이 크고(길이 25센티미터, 폭 10센티미터 정도), 상록성이며 가죽질이다. 잎의 앞면은 반들반들하고 진한 초록색이며, 뒷면은 적갈색 털로 덮여 있다. 시간이 지나면서 잎이 얇아진다.

② **잔가지**: 황갈색이며, 솜털로 덮여 있다.

③ **수피와 목재**: 수피는 회색이고, 회색보다 상대적으로 밝은색의 점들이 있어 얼룩덜룩하다. 시간이 흐르면서 수피가 큼직하게 갈라진다. 목재는 밝고 연하며 아주 가볍다.

④ **눈**: 초록색이고 피침 모양이다. 긴 턱잎이 눈을 감싸면서 떨어지지 않게 보호해 준다.

❺ **꽃**: 아주 크다(지름이 25센티미터까지 커질 수 있다!). 향이 짙고, 약 10장 정도의 크림빛이 도는 흰 꽃잎들이 서로 겹쳐 있으며, 노란색 수술이 달려 있다.

⑥ **열매**: 원뿔 모양이고 어린 아티초크처럼 생겼다. 강낭콩 모양의 붉고 굵은 씨를 품고 있다.

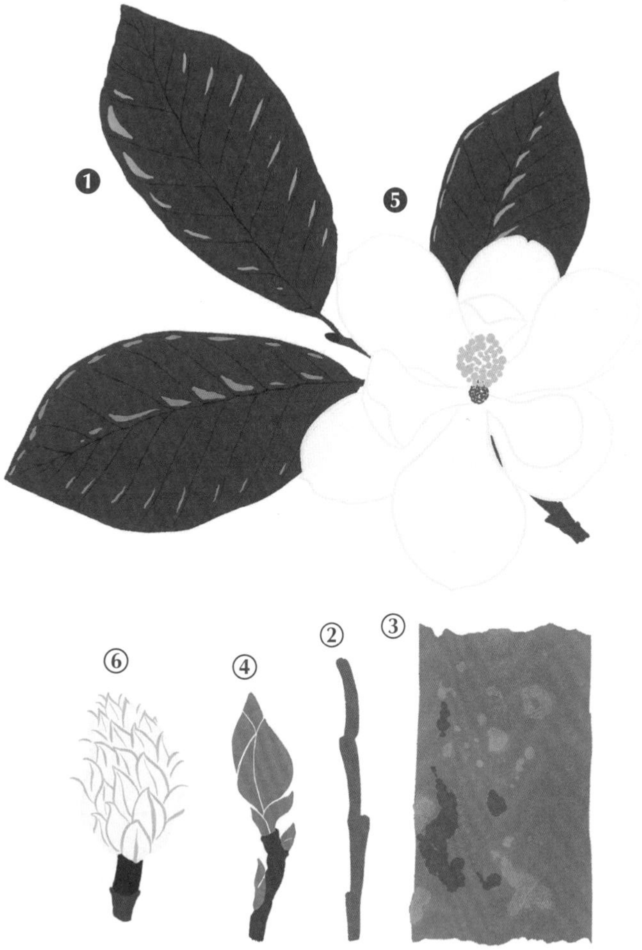

사야(칼집)
일본도의 칼집인 사야saya를 만들 때 전통적으로 목련의 목재를 사용했다. 내습성이 좋고 목재의 섬유가 목공용 조각칼로 깎기에 좋기 때문이다.

Picea abies

독일가문비나무

또는 붉은전나무

독일가문비나무는 꼭대기가 하늘을 향해 뾰족하게 솟아 있는 피라미드 모양이라는 이유로 탄생을 상징한다. 또한 이러한 나무의 모양 덕분에—그들에게는 불행한 일이겠지만—'크리스마스트리'로도 사용된다.

목: 구과목 | **과:** 소나무과 | **속:** 가문비나무속 | **가문비나무속의 수종:** 약 50종

어디에서 볼 수 있을까?

독일가문비나무는 중앙 유럽 숲의 70퍼센트를 차지한다, 해발 2,200미터까지의 지대에서 자란다. 폭넓고 다양한 환경에 적응하지만, 경작이 잘되고 서늘한 토양을 좋아한다. 장기간 지속되는 건조한 날씨에 민감하다. 중북부 유럽을 비롯해 미국 북동부, 캐나다 동남부에서 많이 볼 수 있다.

평균 수령	성장 속도	형태
수많은 적이 독일가문비 나무를 가만히 내버려 두면 500년 이상 산다.	빠름	완벽한 원뿔 모양이다. 유럽에서 키가 가장 큰 나무로 60미터까지 자랄 수 있다.

① **바늘잎:** 꽤 짧은 편이고(1.5~2.5센티미터), 제법 뾰족하다. 향이 강하게 난다. 잔가지의 둘레를 나선상으로 감싸며 돋아난다.

② **잔가지:** 주황색이고, 보통 털이 없다.

③ **수피와 목재:** 적갈색 수피는 작고 둥근 조각으로 벗겨진다. 목재에서 변재가 선명하지 않다. 하얀 목재는 악기를 만드는 데 사용된다. '울림 나무'(음향목)로도 불린다.

④ **눈:** 끝이 다소 뭉툭한 편이고, 수지가 없다.

⑤ **원추체:** 암수한그루이다. 배주원추체는 수직으로 곧게 자라고, 옅은 초록색이나 가끔 보랏빛이 도는 붉은색을 띠기도 한다. 폴렌원추체는 작은 노른자처럼 생겼다.

⑥ **종자원추체:** 길이가 길고(12~16센티미터) 가늘며, 인편이 약하다. 구릿빛이 도는 갈색이고 방추형이다.

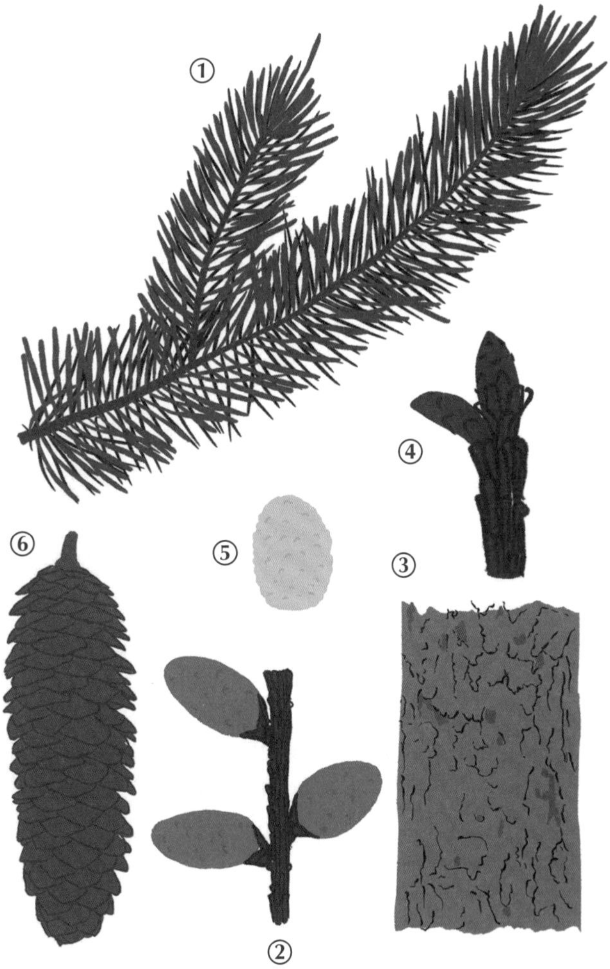

침엽수를 좋아했던 화가

독일의 낭만주의 화가 카스파르 다비트 프리드리히는 침엽수, 특히 가문비나무를 그림으로 표현하기를 좋아했다. 그는 한 작품 속에 담긴 모든 요소가 상징적인 의미를 가지고 있다고 말했다. 예를 들어 높은 산들은 신앙을 우의적으로 표현한 것이고, 침엽수는 희망을 상징한 것이다. 프리드리히는 작품 「숲속 가문비나무Fichtendickicht im Walde」(1828)에서 높은 산속의 가문비나무를 아름답게 표현했다.

Pseudotsuga menziesii

더글러스퍼

속명에 'tsuga'('쑤가'. 솔송나무)라는 이름이 붙지만, 더글러스퍼('더글러스전나무' 또는 '미송'이라고도 한다—감수자)의 생김새는 솔송나무보다는 전나무와 더 닮았다. 바늘잎이 솔송나무보다 가늘고, 가지에 달린 종자원추체는 통째로(온전한 모양으로) 떨어지지 않는다. 세계에서 수지가 가장 많은 종이다. 더글러스퍼는 북아메리카에서만 3,000킬로미터가 넘는 지역에 걸쳐 널리 분포되어 있다.

목: 구과목 | **과:** 소나무과 | **속:** 미송속 | **미송속의 수종:** 5종

어디에서 볼 수 있을까?

성장 속도가 매우 빨라서 산림녹화에 활용되는 수종이다. 북아메리카, 콜롬비아, 스칸디나비아, 서유럽에서 볼 수 있다. 토양이 습하고 산이 많은 지형과 해발 3,000미터까지의 지대에서 무난하게 잘 자란다.

평균 수령	성장 속도	형태
600년	매우 빠름 (20년 동안 18미터)	거대한 나무가 될 수 있다(최고 기록은 높이 127미터이며, 평균 60미터까지 자란다). 줄기는 곧고 가늘다. 아래로 처진 잔가지들이 옆으로 퍼지면서 원뿔 모양의 수관을 형성한다.

❶ **바늘잎**: 무르고 뾰족하지 않은 바늘잎은 잔가지를 온통 둘러싸며 자란다. 레몬 향을 강하게 풍긴다.

② **잔가지**: 가늘고 적갈색이다. 가는 털이 나 있다.

③ **수피와 목재**: 수피는 처음에 초록빛을 띠며 수지가 가득 차 부풀어 있다가 회색으로 변하고 주홍색 홈이 파이면서 갈라진다. 오래된 나무의 수피는 아주 깊게 갈라지며 어린 나무일 때보다 더 은빛이 도는 회색을 띤다. 심재는 연한 분홍색이고, 변재는 흰색이다. 목재는 단단하고 무겁고 내구성이 아주 좋다. 세계 시장에서 수지가 많은 목재로 단연 최고이다. 합판 산업은 더글러스퍼를 기반으로 한다.

④ **눈**: 보랏빛이 도는 와인색으로 무척 뾰족하고 수지가 없다.

⑤ **원추체**: 폴렌원추체는 노랗고 작은 원뿔 모양으로 잔가지 끝에서 돋아난다. 튀어나와 있는 포들로 이루어진 배주원추체는 분홍색을 띤다.

❻ **종자원추체**: 종자원추체는 아래를 향해 매달려 있고, 길이가 10센티미터 정도 된다. 포는 3개로 갈라져 있어 쉽게 알아볼 수 있다.

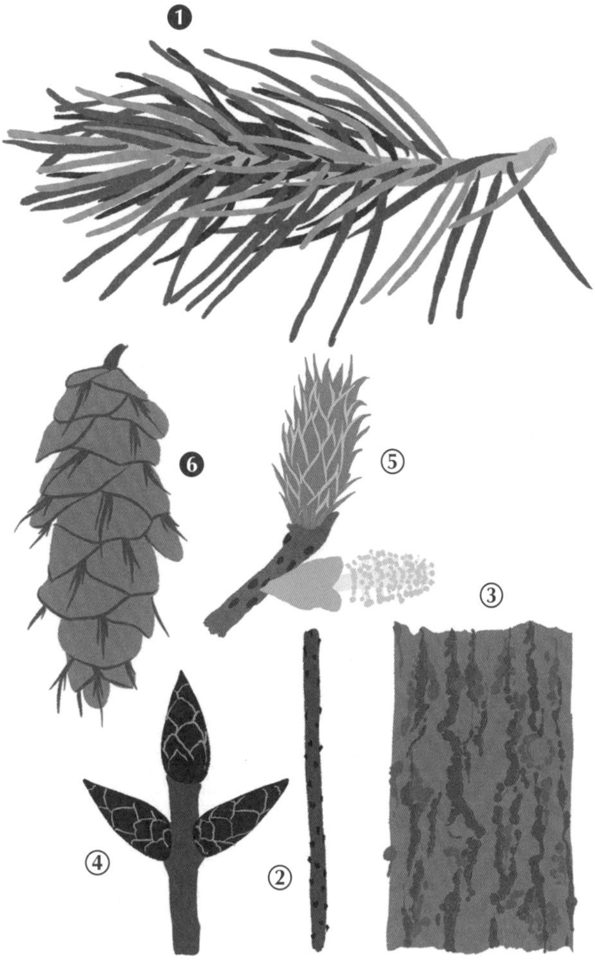

크리스마스트리의 전형

더글러스퍼는 산림녹화를 할 때 심는 나무이다. 이 나무에게는 불행한 일인지도 모르지만 크리스마스트리로도 사용된다. 사실상 우리는 성장 속도가 빠르고 80년이 훌쩍 넘도록 오래 사는 나무를 장식용으로 쓰고 있는 것이다.

Taxus baccata

서양주목

서양주목은 놀라울 정도로 장수한다. 천 년 넘게 살고 있다고 알려진 서양주목만 해도 몇 그루나 된다. 스코틀랜드 포팅걸에 있는 서양주목은 나이가 1,500년이 넘었고, 독일 크롬바흐에 있는 서양주목의 나이는 2,000년 정도 된 것으로 추정된다. 프랑스의 라아예드루토에 있는 서양주목 두 그루의 경우 줄기의 둘레가 각각 14미터, 15미터를 넘는데, 이 줄기 안에 예배실과 기도실이 있다.

목: 주목목 | **과:** 주목과 | **속:** 주목속 | **주목속의 수종:** 8종

어디에서 볼 수 있을까?

서양주목은 강인한 나무이다. 응달, 햇빛, 공해뿐만 아니라 가파른 바위산, 큰 나무들이 뿌리에 가하는 압력, 높은 해발 지대도 견딘다. 습한 공기, 경작이 잘되고 부식토가 많은 토양을 좋아하는 나무이다. 아이슬란드를 제외한 유럽 전역과 북서아프리카, 이란 북부, 서남아시아에서 볼 수 있다.

평균 수령	성장 속도	형태
1,000년에서 2,000년까지	매우 느림	작지만 튼튼하고 단단해 보인다. 높이가 20미터를 넘지 않지만, 엄청난 면적을 차지하면서 넓게 자랄 수 있다.

❶ **바늘잎**: 잔가지 둘레에 온통 달라붙은 바늘잎은 유연하다. 잎의 앞면은 짙은 초록색, 뒷면은 연녹색이다. 잎의 끝에 미세 돌기가 가시처럼 뾰족하게 나와 있다. 바늘잎에 독성이 있어서 조심해야 한다. 특히 말에게 위험하다. 서양주목의 모든 조직에는 매우 위험한 알카로이드 물질, 탁신taxine이 함유되어 있다.

② **잔가지**: 윤기 있는 초록색을 유지하다가 3년이 지나면 갈색으로 변한다.

③ **수피와 목재**: 수피는 붉은빛을 띠는 갈색이며 쉽게 벗겨진다. 목재는 밀도가 아주 높고 재질이 균일하다. 심재는 불그스름하고 변재는 노랗다. 활 제작에 가장 많이 쓰이는 목재이다. 그래서 학명에 '활'을 의미하는 라틴어 'taxus'를 붙인 것이다.

④ **꽃**: 암수딴그루(암나무와 수나무가 따로 있음)이다. 꼬리모양꽃차례와 흡사한 모양으로 달린다. 수꽃은 작은 공 모양이고, 못처럼 생긴 수술이 한 묶음 있으며 황록색 꽃가루를 분비한다. 암꽃은 눈에 잘 띄지 않는다. 작은 잠두콩 또는 초록색 눈처럼 생겼다.

❺ **열매**: 씨는 육질의 씨껍질에 싸여 있다. 열매는 진홍색이고 윤이 난다.

어두운 전설

서양주목은 오랫동안 해로운 나무, 죽음의 신들과 관련된 나무라고 여겨졌다. 그래서 예나 지금이나 사람들은 서양주목을 묘지에 심는다. 여러분이 너무 일찍 그곳(무덤)에 가고 싶지 않다면, 여기 "주목을 베어버린 사람은 올해 죽을 위험이 아주 높다."라는 노르망디 속담을 잘 기억하기를!

Tsuga heterophylla

미국솔송나무
또는 웨스턴헴록

미국솔송나무는 가문비나무, 전나무와 자주 혼동된다. 캐나다 사람들은 미국솔송나무를 'pruche(프리쉬)'라고 부른다. 이 단어는 과거 유럽에서 가문비나무를 부르던 단어 'prusse(프뤼스)'에서 파생된 것으로 추측된다. 미국솔송나무는 종자원추체가 작고 달걀 모양이며 바늘잎은 납작하고 잎자루가 있어 가문비나무와 구별된다.

목: 구과목 | **과:** 소나무과 | **속:** 솔송나무속 | **솔송나무속의 수종:** 10종

어디에서 볼 수 있을까?

북아메리카의 북서 지역이 미국솔송나무의 고향이다. 태평양 북서부 해안의 고도가 낮은 지역에서 잘 자란다. 뉴질랜드 남부에서도 볼 수 있다. 습한 공기, 응달, 서늘하고 가벼운 토양을 좋아한다. 대기 오염에 아주 민감하고 무더위를 힘들어한다.

평균 수령	성장 속도	형태
500년	빠름	피라미드 모양이며, 줄기가 곧다. 미국에서 자란다면 약 75미터까지 자랄 수 있는 큰 나무이다.

① **바늘잎:** 상록성이다. 잎의 폭이 좁고 길이가 짧다(1센티미터 이하). 잎의 뒷면에 흰색 줄무늬가 있다.

② **잔가지:** 진한 갈색이고, 길고 곱슬한 털이 있다.

③ **수피와 목재:** 회갈색 수피는 가늘게 갈라진다. 노르스름한 목재는 수지와 향이 없고 별다른 특징도 없다.

④ **원추체:** 노란색 폴렌원추체와 초록색 배주원추체는 모두 꼬리모양꽃차례와 흡사한 모양으로 달리고, 원기둥 형태이다.

❺ **종자원추체**: 잔가지의 끝에 달려 있는 종자원추체는 크기가 꽤 작아서(2~3센티미터), 이를 기준으로 대개 미국솔송나무와 가문비나무를 구별할 수 있다.

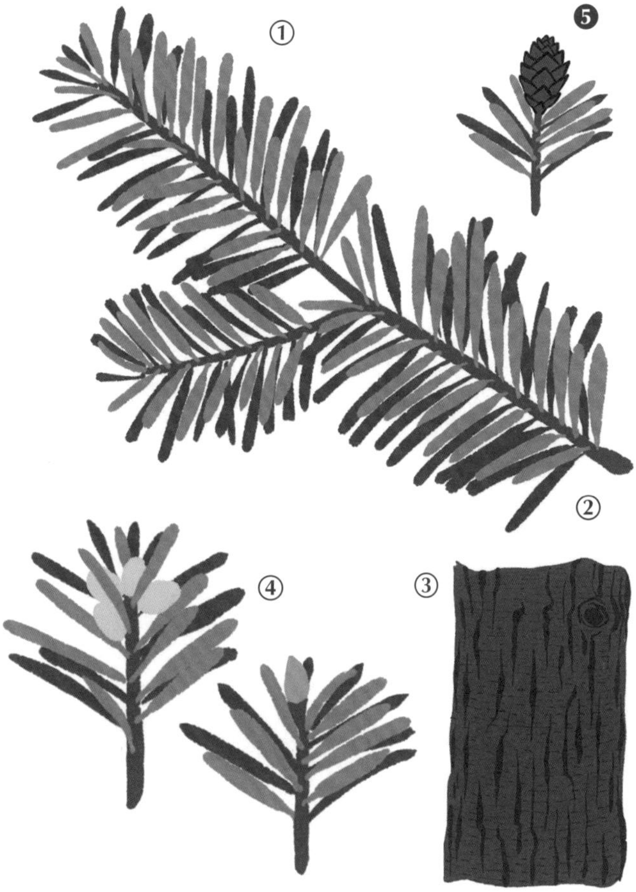

다목적 목재

종이, 판지, 합성 섬유를 만들 때 미국솔송나무의 목재가 최고이다. 또한 식기류, 도르래, 뜨개바늘 등 일상생활에서 사용하는 물건을 만들거나 건물을 지을 때에도 미국솔송나무의 목재를 사용할 수 있다. 옛날에는 미국솔송나무의 껍질에 있는 타닌이 가죽의 무두질에 좋기로 유명했다.

Alnus glutinosa

검은오리나무

검은오리나무는 공기 중의 질소를 고정할 수 있는 균근 덕분에 매우 메마른 토양에서도 자랄 수 있다. 땅을 비옥하게 만드는 특성이 있어 검은오리나무는 훼손된 땅에 다시 활력을 주고 토양의 오염을 제거하는 데 활용될 수 있다.

목: 참나무목 | **과:** 자작나무과 | **속:** 오리나무속 | **오리나무속의 수종:** 30종

어디에서 볼 수 있을까?

생명력이 무척 강한 검은오리나무는 물이 많은 곳, 서늘하고 습한 토양을 좋아한다. 그래서 습지림에서 자주 발견된다. 검은오리나무는 아주 환한 빛을 좋아하고, 흔히 버드나무, 포플러와 함께 있다. 유럽 전역과 튀르키예, 이란, 튀니지, 알제리, 미국, 칠레, 호주, 뉴질랜드, 러시아 시베리아 지역에서 볼 수 있다.

평균 수령	성장 속도	형태
300년까지	초년기에는 빠름 (20년 동안 12미터)	줄기가 곧고, 수관이 부채 형태의 피라미드 모양이다. 세월이 흐르면서 원뿔 모양이 점차 사라진다.

① **잎**: 진한 초록색이고, 넓은 심장 모양이다. 잎의 가장자리에는 불규칙한 모양의 톱니가 있고, 잎자루가 꽤 길다. 잎이 제법 크고(길이 4~10센티미터), 6쌍 안팎의 잎맥이 발달되어 있다.

② **잔가지**: 털이 없고 유연하며 끈적끈적한 편이다.

③ **수피와 목재**: 수피는 짙은 갈색이고 껍질눈은 은빛을 띤다. 수피는 처음에 매끈하다가 시간이 흐르면서 들쭉날쭉하고 넓게 갈라진다. 검은오리나무의 목재는 노지에 두면 붉어지고 쉽게 썩지만, 이상하게도 목재가 물에 잠겨 있을 때에는 내구성이 좋다.

④ **눈**: 보통 연보라색을 띠고, 곤봉 모양이다. 눈자루가 있다.

⑤ **꽃**: 꼬리모양꽃차례로 피는 수꽃은 적갈색이고, 길이가 5~10센티미터이며, 아래로 처져 있다. 꼬리모양꽃차례로 달리는 암꽃은 원뿔 모양이고, 크기가 작으며, 수꽃과 같은 잔가지 위에 수직으로 자란다.

⑥ **열매**: 원뿔 모양의 열매들이 무리 지어 자란다. 무리 지어 있는 생김새가 작은 솔방울 같다.

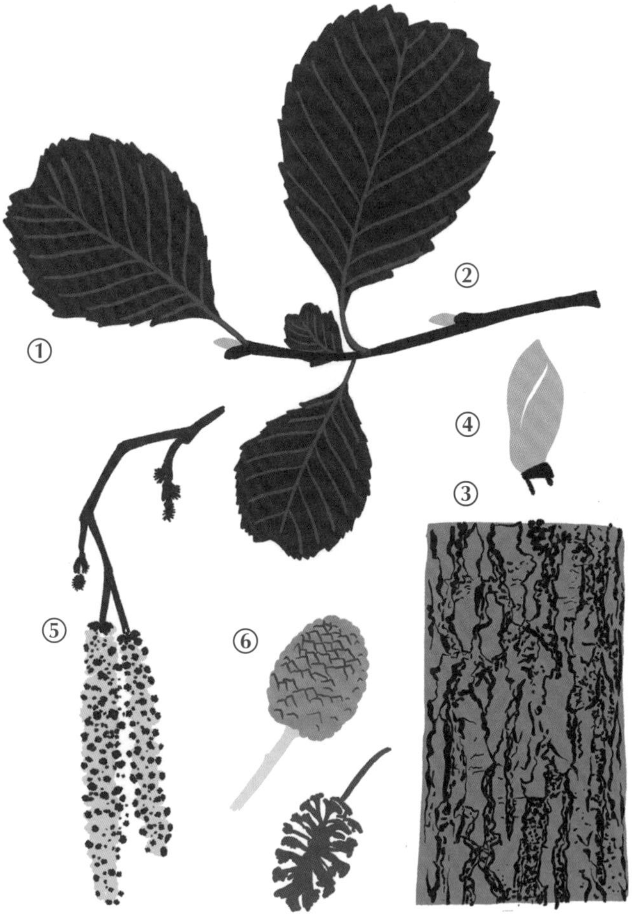

공기 중 떠다니기의 일인자

솔방울처럼 생긴 검은오리나무의 열매는 적당한 때가 오면 날개 달린 씨를 떨어뜨려 바람에 날려 보낸다. 그러면 씨가 바람에 날리면서 약 한 달 동안 대기를 떠다닐 수 있다. 그래서 검은오리나무의 씨는 전파 범위가 아주 넓다.

Corylus avellana

유럽개암나무

유럽개암나무의 종소명('*avellana*')은 이탈리아의 작은 도시 아벨리노Avellino에서 따온 것이다. 고대 그리스·로마 시대부터 아벨리노는 유럽개암나무 열매의 품질이 좋기로 유명했다. 그런데 요즘 이 나무는 시골에서 너무 흔하게 볼 수 있어 종종 무시당하곤 한다. 이름만 유명할 뿐 그 진가를 제대로 인정받지 못하고 있는 것이다.

목: 참나무목 | **과:** 자작나무과 | **속:** 개암나무속 | **개암나무속의 수종:** 약 15종

어디에서 볼 수 있을까?

유럽개암나무는 토심이 깊고 약간 점토질인 토양을 좋아한다. 석회질을 싫어하지 않는다. 추위와 건조한 날씨에 강하고, 도시 공해도 모두 견딘다. 영국, 이베리아반도, 이탈리아, 그리스, 튀르키예, 중앙아시아 등지에서 잘 자란다.

평균 수령
약 50년

성장 속도
매우 빠름

형태
유럽개암나무는 관목이며, 메마른 토양이나 관목림에서도 충분히 잘 자란다. 매끄럽고 유연하며 곧게 뻗은 가느다란 줄기가 무수히 많이 자라서 항상 덤불 모양을 이룬다. 프랑스에서는 개암나무가 많이 자라는 곳을 '쿠드레coudraie'(개암나무 숲)라고 부른다.

① **잎:** 잎에 솜털이 있고, 잎의 가장자리에는 이중 톱니가 있다. 잎자루는 털로 덮여 있다. 잎몸은 둥그스름하며 거의 원형에 가깝다. 잎이 자주색을 띠는 재배종도 있다.

② **잔가지:** 녹갈색이며, 아주 유연하다. 나이를 먹을수록 껍질이 벗겨진다. 울타리나 광주리를 만들 때 사용되기도 한다.

③ **수피와 목재:** 수피는 회색이며 검은 홈이 나 있기도 하다. 고급 가구나 큰 작품을 만들기에 목재의 질이 썩 좋지는 않다.

④ **눈:** 작은 공 모양이고, 털이 없다. 초록빛을 띠는 베이지색이다.

⑤ **꽃:** 꼬리모양꽃차례로 피는 노란색 수꽃은 4~5개가 모여 아래로 길게 늘어져 자란다. 꼬리모양꽃차례로 달리는 암꽃은 밖으로 돌출된 자주색의 작은 암술머리 말고는 특별히 눈에 띄는 모습이 아니어서 눈과 잘 구별되지 않는다.

⑥ **열매:** 개암(개암나무의 열매, 즉 헤이즐넛—옮긴이)은 수과이다. 초록색 포들이 여러 개 모인 총포 안에 큰 씨 1개가 있다.

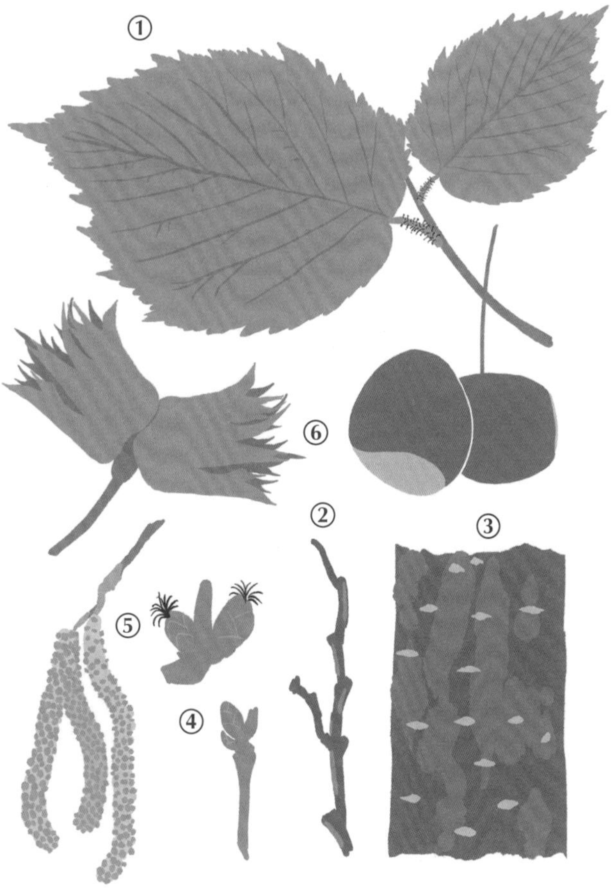

송로버섯과 함께 살기!

송로버섯을 재배하는 사람들은 개암나무에 많은 관심을 보인다. 개암나무가 송로버섯과 공생 관계로 살 수 있기 때문이다. 송로버섯이 자라는 나무의 수를 늘리는 방법은 균근을 가진 나무를 심는 것이다. 개암나무는 송로버섯을 생산하는 나무 중 유일한 유실수이다. 하지만 개암이 설치류를 유혹하기 때문에 주의해야 한다!

Crataegus monogyna

서양산사나무

산사나무의 여러 종 가운데 하나인 서양산사나무는 항상 행운 및 길운과 연관되었다. 고대 그리스·로마 시대부터 서양산사나무를 수호 나무로 여겼고, 로마인들은 액운으로부터 갓난아기를 보호하기 위해서 요람 위에 서양산사나무의 가지를 매달아 놓곤 했다.

목: 장미목 | **과:** 장미과 | **속:** 산사나무속 | **산사나무속의 수종:** 600여 종

어디에서 볼 수 있을까?

서양산사나무는 숲의 가장자리나 길가에서 자라며, 산울타리로 사용된다. 생명력이 매우 강한 이 나무는 모든 토양에서 잘 자라고, 극심한 더위와 거센 바람도 견딘다. 또한 서양산사나무는 상처에 둔한 편이다. 동아시아, 유럽 전역, 북아메리카 동부에서 볼 수 있다.

평균 수령	성장 속도	형태
500년	느림	가지는 억세고 마디가 많으며 키가 작은(15미터를 절대 넘지 않는다) 서양산사나무는 전래 동화 속 주인공처럼 보인다.

① **잎:** 잎은 어긋나기로 돋아나고, 다섯 갈래로 갈라진다. 턱잎은 떨어지지 않는다. 잎의 앞면은 무광의 짙은 초록색, 뒷면은 청록색이다.

② **잔가지:** 적갈색 또는 녹갈색이다. 길고 뾰족한 가시가 많이 돋아나 있다.

③ **수피와 목재:** 회색 수피는 조각으로 벗겨지면서 황갈색 흔적이 남는다. 목재는 불그스름한 색으로 단단하지만, 크기가 작아 거의 사용하지 않는다.

④ **눈:** 연녹색의 작은 공 모양이다.

⑤ **꽃:** 꽃잎은 흰색이고, 수술은 붉은색이다. 향기로운 꽃이 무리 지어 피는 모습이 환상적이다.

⑥ **열매:** 핵이 있는 붉은색 열매이다.

산사나무의 힘

중세 시대 이후 가톨릭교회에서는 산사나무의 잔가지로 종교 의식을 치렀다. 프랑스 북서쪽 지방 노르망디에서는 산사나무가 벼락을 쫓아준다고 여겼고, 프랑스 동쪽 지방 부르고뉴에서는 어머니들이 아픈 아이가 기적처럼 낫길 바라면서 산사나무의 흰 꽃을 아이 곁에 두었다.

Ilex aquifolium

유럽호랑가시나무

고대 그리스·로마 시대부터 호랑가시나무의 잔가지는 축제에 사용되었다. 그런데 이런 축제 분위기와 다르게 프랑스어에서는 호랑가시나무를 뜻하는 'houx(우)'로부터 '못살게 굴다'라는 의미를 가진 동사 'houspiller(우스피에)'가 파생되었다. 영원성을 상징하는 호랑가시나무는 로마인들과 게르만족이 좋아했던 나무이다. 특히 앵글로·색슨족의 후손들이 사는 나라에서는 오늘날에도 여전히 호랑가시나무를 연말이 다가오는 시기에 장식으로 사용한다.

목: 노박덩굴목 | **과:** 감탕나무과 | **속:** 감탕나무속 | **감탕나무속의 수종:** 약 300종

어디에서 볼 수 있을까?

유럽호랑가시나무는 참나무, 서어나무, 자작나무로 이루어진 관목림과 교목림에서 볼 수 있다. 서늘하고 부식토가 많으며 산성이나 중성을 띠는 토양을 좋아한다. 알프스산맥에서 유럽호랑가시나무는 해발 1,800미터까지의 지대에서 볼 수 있다. 그렇지만 어린 유럽호랑가시나무는 추위에 약하다! 유럽 중부와 남부에서 볼 수 있으며 한국의 남쪽 지방에서도 볼 수 있다.

평균 수령
200년

성장 속도
느림
(10년 동안 6미터)

형태
겨울에도 잎이 푸르고, 무수히 많은 가지가 늘어지면서 원뿔 모양의 수관을 이루는 특색 있는 나무이다.

① **잎:** 상록성 잎이다. 진한 초록색이며 광택이 많이 나고 가시가 아주 많이 돋아난다. 털이 전혀 없으며 두껍고 가죽질이다. 나이가 많은 나무에서 가시가 없는 잎이 발견되기도 한다.

② **잔가지:** 매끄럽고 초록색이다.

③ **수피와 목재:** 수피는 처음에 매끄럽고 초록색을 유지하다가 나이가 들면서 둥근 혹들이 발달하고 은빛을 띠는 베이지색으로 바뀐다. 목재는 흰색이고 심재로 갈수록 갈색이다. 목재는 단단하고 무거우며, 고급 가구재로 쓰인다.

④ **눈:** 베이지색이며, 크기가 작고, 달걀 모양이거나 작은 공 모양이다. 눈의 끝은 뭉툭하다. 눈껍질에 털이 나 있다.

⑤ **꽃:** 양성꽃이다. 유럽호랑가시나무의 꽃과 관련해서는 숫자 4를 기억해야 한다. 왜냐하면 수술도 4개, 포개지지 않은 흰색 꽃잎도 4개, 꽃받침도 4개이기 때문이다.

⑥ **열매:** 진홍색의 둥근 장과이다. 독성이 매우 강하기 때문에 조심해야 한다!

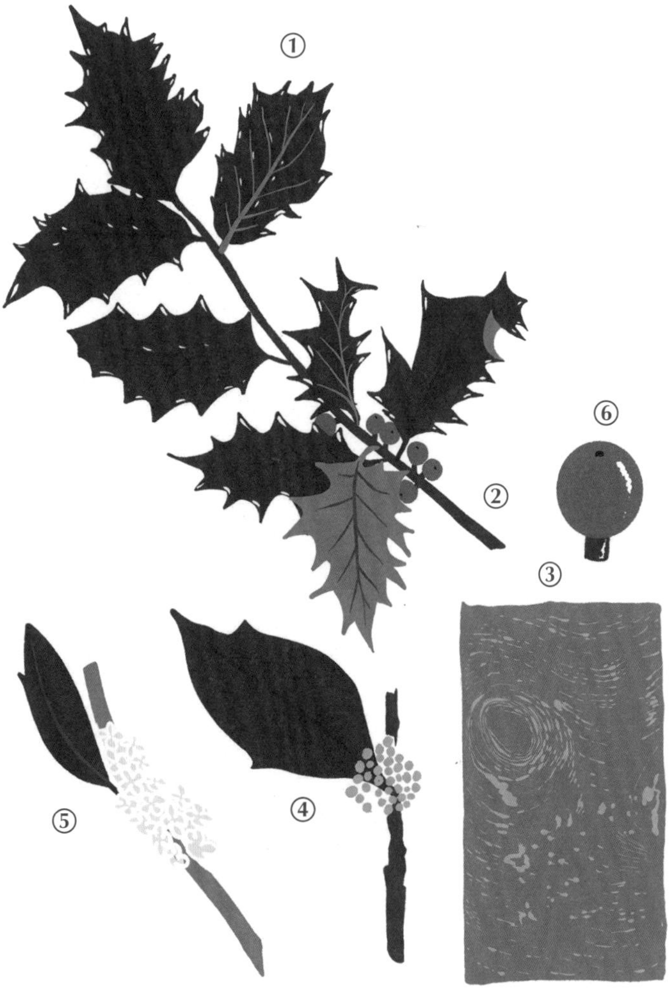

홍차와 커피보다 더 좋은 마테차

유럽호랑가시나무*Ilex aquifolium*의 장과는 독성이 매우 강하다. 하지만 남미의 호랑가시나무*Ilex paraguayensis*의 잎은 카페인이 들어 있고 라틴 아메리카에서는 잎을 우려 차로 마시는데, 바로 그 유명한 '마테차'이다.

Juniperus communis

유럽향나무

유럽향나무는 다른 침엽수와 쉽게 구분된다. 종자원추체가 장과, 즉 '베리berry' 처럼 생겼기 때문이다. 다른 나무들처럼 예민하지 않은 유럽향나무는 햇빛을 무척 좋아하며, 건조하고 돌이 많은 석회질 토양에서도 매우 잘 적응한다.

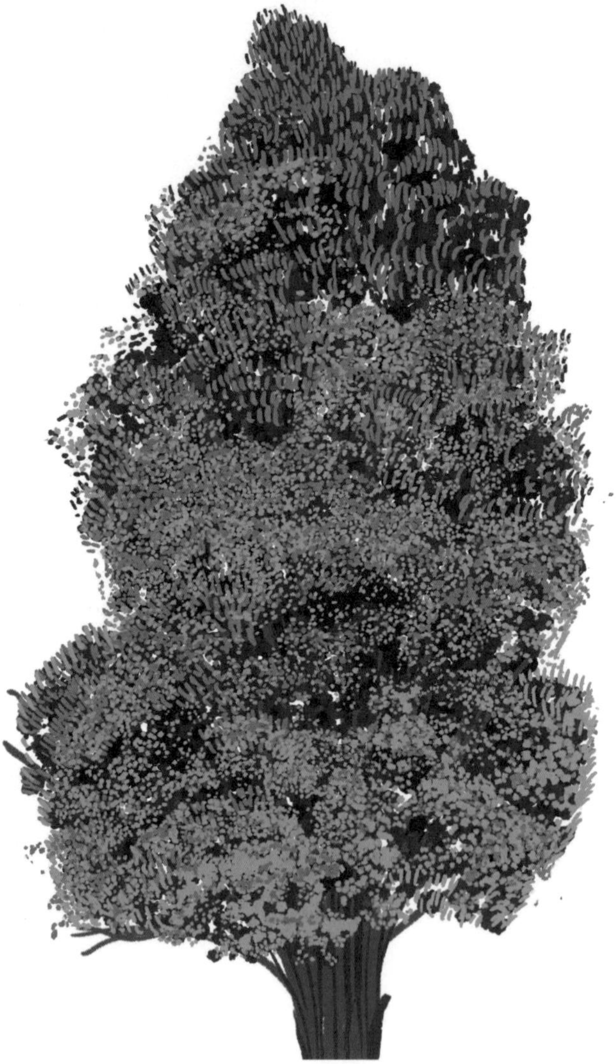

목: 구과목 | **과:** 측백나무과 | **속:** 향나무속 | **향나무속의 수종:** 약 50종

어디에서 볼 수 있을까?

유럽향나무(우리나라에서는 곱향나무로 불리기도 한다—감수자)는 아랫부분이 물속에 잠기면 힘들어하지만 거의 모든 곳, 모든 유형의 토양, 심지어 응달에서도 자란다. 해발 1,600미터까지의 지대, 위도 30° 이상의 서늘한 북반구 지역에서 볼 수 있다. 그리고 가장 메마른 지대에서도 유럽향나무를 볼 수 있다.

평균 수령	성장 속도	형태
가장 오래 산 나무의 경우 1,000년	느림	유럽향나무는 대부분 덤불 모양으로 12미터까지 자랄 수 있다. 수관의 모양이 붓 또는 공처럼 생겼다.

❶ **바늘잎**: 한 마디에 잎이 3장씩 돌려나기로 돋아난다. 3년 동안 푸른 잎은 납작하고 뾰족하며 억세다. 바늘잎이 잔가지와 거의 직각을 이루고, 살짝 오목하게 들어간 잎의 앞면에 흰 줄이 있다. (우리나라 노간주나무의 잎과 비슷하다.—편집자주)

② **잔가지**: 적갈색이고, 향이 난다. 과거 병원에서는 오랫동안 페스트나 천연두와 같은 전염병을 쫓아내려는 목적으로 유럽향나무의 잔가지를 불에 태웠다.

③ **수피와 목재**: 붉은빛이 도는 거무스레한 수피는 털이 있고 섬유질이다. 진한 노란색의 목재는 단단하고 재질이 균일하며 좋은 향이 난다.

④ **눈**: 작고, 얼룩 없이 깨끗하다. 눈껍질이 눈을 싸고 있다. 유럽향나무의 눈은 간세포를 재생시키고 해독 작용을 하며 염증을 없애고 간 기능 보호에 효과가 있어 약용으로 잘 쓰인다.

⑤ **원추체**: 수나무에 치자색의 작은 공처럼 생긴 폴렌원추체가 돋아난다. 암나무에는 초록색 비늘 조각 3개가 달린 어린 배주원추체가 있다.

❻ **종자원추체**: 공 모양의 작은 종자원추체는 장과berry처럼 생겼으며(그래서 '주니퍼베리'라고 부르기도 한다) 육질의 인편으로 덮여 있고, 두 번째가 되는 해의 가을에 익는다. 주니퍼베리는 요리 양념 재료로 쓰인다.

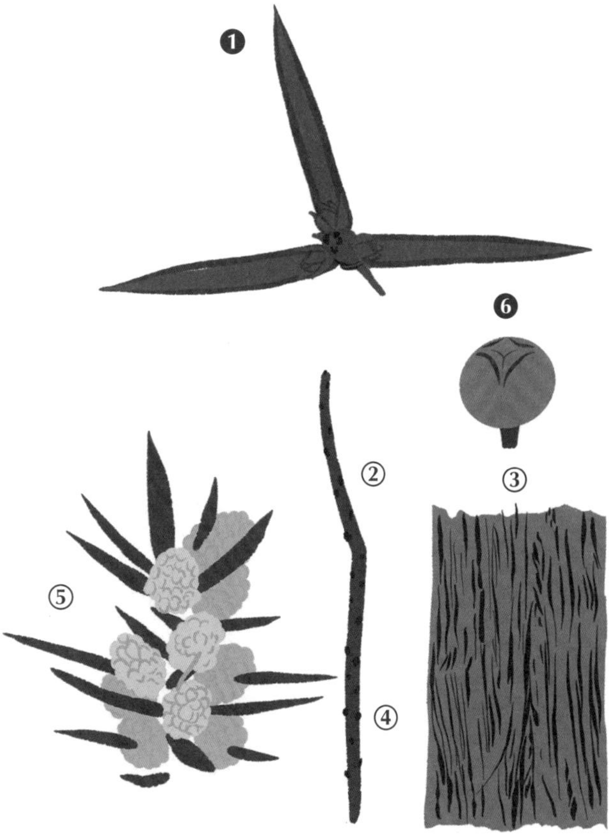

인기가 많은 주니퍼베리

아주 먼 옛날부터 주니퍼베리는 음식과 술에 향을 가미하는 데 사용되었다. 진, 아쿠아비트, 페케와 같은 술뿐만 아니라 슈크루트, 생선 마리네이드, 쿠르부이용 등의 요리에도 주니퍼베리를 넣었다. 주니퍼베리에서 추출한 알코올을 주니에브르genièvre(진)라고 부른다.

Malus sylvestris

원생종 사과나무

인간이 처음으로 열광했던 나무 중 하나가 사과나무인 것은 분명하다. 그만큼 오래되었기 때문에 사과나무의 역사를 되짚어 보는 일은 거의 불가능하다. 그렇지만 사과의 진화는 늑대에서 요크셔테리어 견종까지 내려오는 진화만큼이나 놀랍다. 오늘날에는 사과나무에서 새콤하면서 톡 쏘는 맛을 지닌 작은 열매를 수확해 아기들이 먹는 달달한 사과 조림이나 아빠들이 마시는 사과 브랜디를 만든다.

목: 장미목 | **과:** 장미과 | **속:** 사과나무속 | **사과나무속의 수종:** 약 30종

어디에서 볼 수 있을까?

원생종 사과나무는 활엽수나 참나무가 사는 습한 숲과 잡목림에서 자라며, 산울타리로 사용된다. 부식토가 풍부한 토양, 점토질 및 석회질 토양을 선호한다. 해발 1,100미터까지의 지대에서 볼 수 있다. 원생종 사과나무는 중앙아시아가 원산지로 최근에 품종 개량된 사과들의 조상으로 알려져 있다. 유럽 각 나라에서 볼 수 있다.

평균 수령	성장 속도	형태
약 100년. 그 이상을 살기도 한다.	비교적 느림	원생종 사과나무는 무성하게 자라는 관목으로 높이가 거의 10미터를 넘지 않는다. 들쭉날쭉하고 잔가지가 많지 않은 수관의 아랫부분은 옆으로 넓게 펼쳐져서 자란다.

① **잎:** 달걀 모양이며 가장자리에는 작은 삼각형의 톱니가 발달되어 있다. 털이 거의 없고, 뾰족한 끝은 짧다. 앞면에 털이 살짝 있는 잎도 가끔 발견된다.

② **잔가지:** 초록색이거나 갈색이고, 윤이 난다. 가장 짧은 잔가지의 끝이 뾰족한 가시이다.

③ **수피와 목재:** 회갈색 수피는 큰 조각으로 벗겨진다. 연한 빨간색 목재는 단단하고 무겁다. 심재의 색은 밤색을 띠는 진빨강이다.

④ **눈:** 갈색이고 둥근 모양이다. 눈의 끝에는 털이 나 있다.

⑤ **꽃:** 흰색의 큰 꽃잎 5장에 카민 색의 얼룩이 살짝 있고, 수술은 노란색이다. 향이 매우 좋다. 꽃들은 짧은 잔가지의 꼭대기에 산방꽃차례(편평꽃차례)로 무리 지어 핀다.

❻ **열매:** 노란색이고 크기가 작다(지름이 불과 4센티미터 정도이다). 맛이 새콤하다.

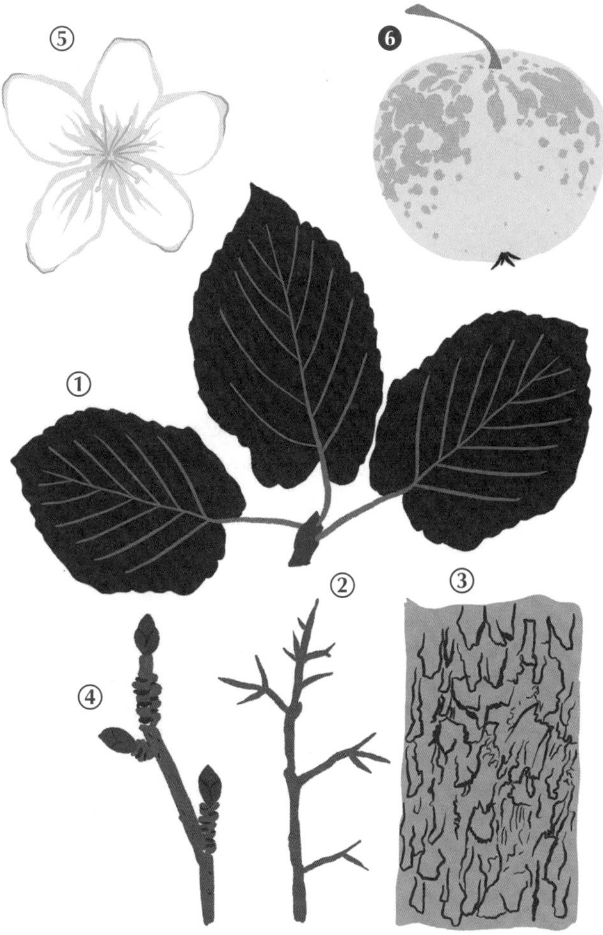

아무 열매가 아니다!

고대 그리스·로마 시대에는 라틴어 'pomum(포뭄)'이 모든 과일을 가리키는 말이었지만, 오늘날 'pomme(폼므)'('pomum'에서 유래된 프랑스어로 사과를 의미한다 — 옮긴이)는 우리가 먹는 디저트, 간식뿐만 아니라 설화에 있어서도 최고의 재료로 자리매김했다. 백설 공주의 그 유명한 빨간 사과를 모르는 사람이 있을까?

Picea breweriana

브루어가문비나무

모든 가문비나무 중에서 참으로 가장 아름다운 나무이다. 그렇다. 이름에 있는 전나무가 아닌 가문비나무이다(프랑스어 명칭이 'sapin de brewer', 즉 브루어전나무이기 때문이다 — 옮긴이). 브루어가문비나무는 잔가지가 아래로 늘어져 있고 바늘잎의 초록색이 점점 옅어지는 아름다운 모습으로 공원과 정원에서 강한 인상을 풍긴다.

목: 구과목 | **과:** 소나무과 | **속:** 가문비나무속 | **가문비나무속의 수종:** 약 50종

어디에서 볼 수 있을까?

브루어가문비나무는 습하고 영양분이 풍부하고 물이 잘 스며드는 토양을 좋아하며, 공해에 민감하다. 북아메리카 서해안에 위치한 산맥의 협곡과 골짜기, 해발 3,000미터까지의 지대에서 쉽게 볼 수 있다. 그 밖에 미국의 오리건주 남서부, 캘리포니아주 북서부 그리고 러시아, 핀란드, 노르웨이, 덴마크 등 스칸디나비아반도에서 볼 수 있다.

평균 수령	**성장 속도**	**형태**
100년	매우 느림	원뿔 모양의 단단해 보이는 브루어가문비나무는 늘어진 가지가 짙은 잎들이 만든 커튼 속에서 휘어진 것처럼 보여 알아보기 쉽다.

① **바늘잎:** 납작하며 잔가지 둘레에 방사상으로 돋아난다. 잎의 앞면은 짙은 초록색, 뒷면은 은빛이 도는 흰색이다(그래서 바람이 불면 그 모습이 멋지다).

② **잔가지:** 가는 털이 나 있으며, 분홍빛을 띠는 주황색이다.

③ **수피:** 검붉은 수피가 넓고 둥근 조각으로 벗겨진다.

④ **종자원추체:** 가늘고 긴 타원 모양이고, 흔히 굽어 자란다. 자줏빛에서 적갈색으로 변한다. 길이는 약 10센티미터이다.

눈: 원뿔 모양이고, 밤색이다.

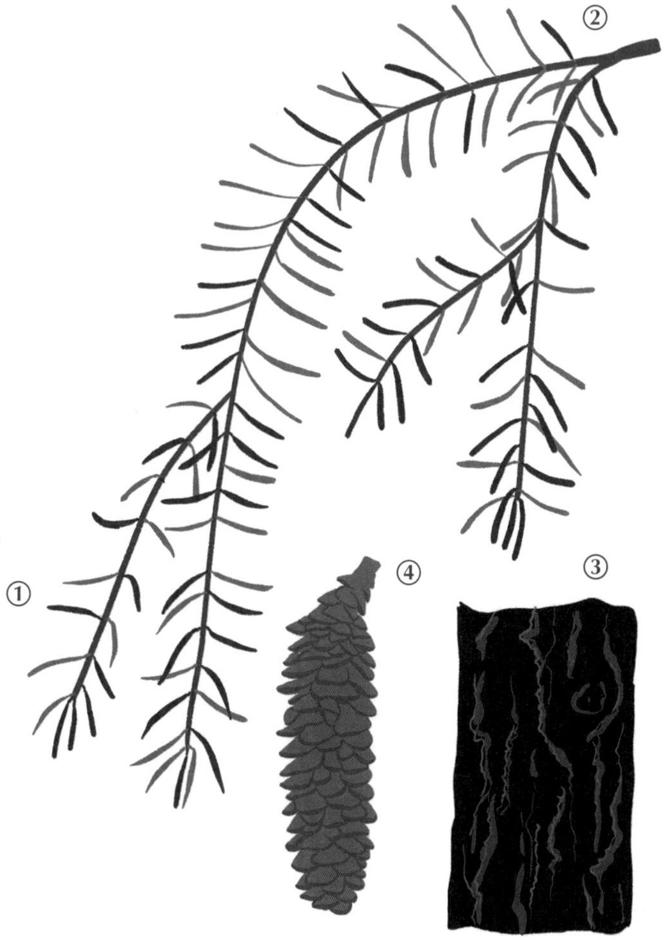

휘어지지만, 부러지지 않는다!

빛을 받기 위해서 더글러스퍼와 경쟁을 벌이는 브루어가문비나무는 주로 산 능선에서 자라는 나무이다. 늘어진 가지는 브루어가문비나무의 장점이다. 왜냐하면 아래로 늘어진 가지가 많은 양의 눈을 버틸 수 있게 하므로 눈의 무게로 인해 휘어지더라도 부러지지 않는다.

Picea pungens

은청가문비나무

라틴어 'pungens(푼겐스)'는 '뾰족하다'는 뜻이다. 이 단어는 은청가문비나무의 바늘잎이 뾰족하다는 점을 설명해 주기도 하지만, 공원이나 정원에서 주로 고독하게 지내는 이 나무가 풍기는 당당한 분위기와 약간 억세 보이기도 한 모습을 연상시키기도 한다.

목: 구과목 | **과:** 소나무과 | **속:** 가문비나무속 | **가문비나무속의 수종:** 약 50종

어디에서 볼 수 있을까?

암석이 많은 산, 해발 3,300미터까지의 지대에서 만날 수 있다. 미국 콜로라도주의 나무로 미국 중서부 지방을 비롯해 우리나라에서도 많이 볼 수 있다. 은청가문비나무는 장기간의 건조한 날씨 빼고는 무서울 것이 없는 나무이다. 당연히 햇빛을 필요로 한다.

평균 수령	성장 속도	형태
80년	매우 느림	원뿔 모양 또는 원기둥 모양이고, 바늘잎이 아주 많다. 관상용 나무이다.

① **바늘잎:** 매우 뾰족하다. 은빛이 도는 청록색 바늘잎은 안쪽으로 살짝 휘어져 있다. 길이는 3~4센티미터이다.

② **잔가지:** 윤이 나고 털이 없으며 베이지색이다.

③ **수피와 목재:** 짙은 자주색 수피는 세로로 거칠게 갈라진다. 연갈색 목재는 가볍고 연하다.

④ **눈:** 달걀 모양이고 끝이 뾰족하다. 9밀리미터까지 자란다.

⑤ **종자원추체:** 원기둥 모양이다. 종자원추체를 덮고 있는 인편은 연한 적갈색이며, 가늘고 얇다. 길이는 약 10센티미터이다.

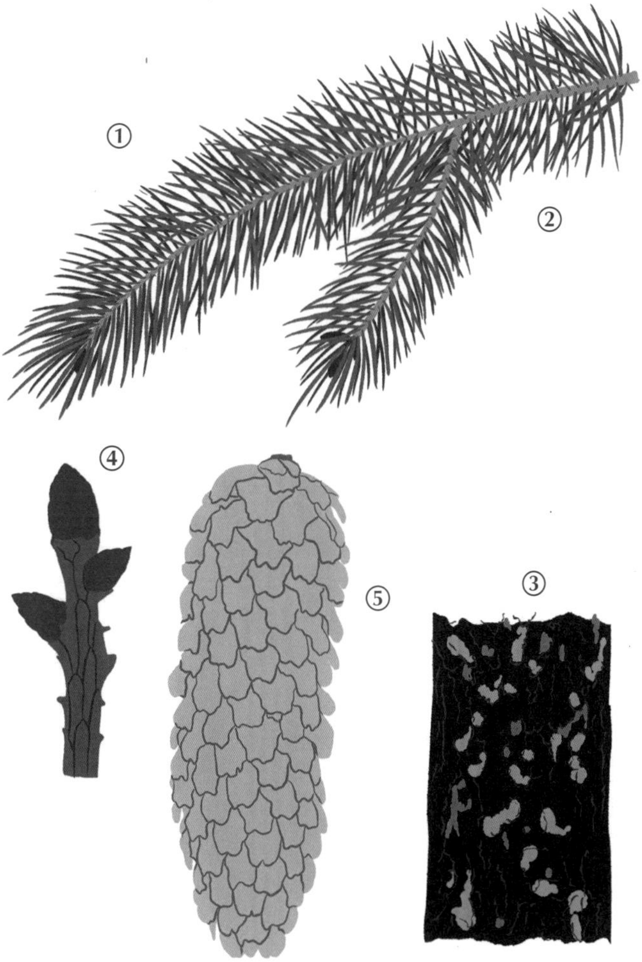

푸른 전나무, 그렇게 푸르지 않다!

관상용 나무로 많은 사랑을 받고 있는 은청가문비나무는 '푸른 전나무'라고 잘못 불리기도 한다. 어린 바늘잎이 봄에 거의 푸른 하늘과 비슷한 색을 띠고 있기 때문이다. 진짜 푸른 전나무(프로체라전나무*Abies procera*)는 은청가문비나무와 전혀 닮지 않았다.

Pinus bungeana

백송

중국이 원산지인 백송은 사원 근처와 그 외 영적인 장소에서 발견된다. 타고난 아름다운 모습 덕분에 관상용 나무로 쓰이는 백송보다 정원을 더 즐거운 곳으로 만들어주는 나무는 없다.

목: 구과목 | **과:** 소나무과 | **속:** 소나무속 | **소나무속의 수종:** 80여 종

어디에서 볼 수 있을까?

중국 북서 지역이 원산지인 백송은 무더위와 매서운 추위를 견디는 생명력이 강한 나무이다. 햇빛을 좋아하고 매우 습한 토양에서도 거의 해를 입지 않는다. (중국과 일본, 우리나라에서 사랑받고 있으며, 우리나라의 경우 아산 현충사와 대한성공회 서울교구 서울대성당의 백송이 유명하다. ―편집자주)

평균 수령	성장 속도	형태
수백 년	느림 (20년 동안 7미터)	백송은 보통 덤불처럼 생겼지만 30미터 높이까지 자랄 수 있다. 가지가 하늘을 향해 수직으로 뻗어 있다.

① **바늘잎:** 매끄럽고 억세며 납작하다. 밝은 초록색이다. 중간 정도 길이(8센티미터까지)의 바늘잎 3개가 뭉쳐난다.

② **잔가지:** 가늘고 초록빛이 돈다.

❸ **수피**: 수피는 장식으로 잘 쓰이며 무척 특색 있다. 수피가 천천히 벗겨지면서 노랑, 적갈, 자주, 초록, 파랑까지 다양한 색상의 얇은 껍질을 드러낸다. 마치 위장옷을 입은 듯하다.

④ **눈:** 눈은 가지의 맨 끝에 있는 잎 근처에 달려 있다. 눈껍질은 적갈색이고, 바깥쪽을 향해 굽어 있다.

⑤ **원추체:** 초록색 이삭 모양의 배주원추체는 잔가지의 끝에 단독으로 돋아난다. 노란 폴렌원추체는 크기가 더 작은 공 모양이다.

⑥ **종자원추체:** 크기가 작고 달걀 모양이다.

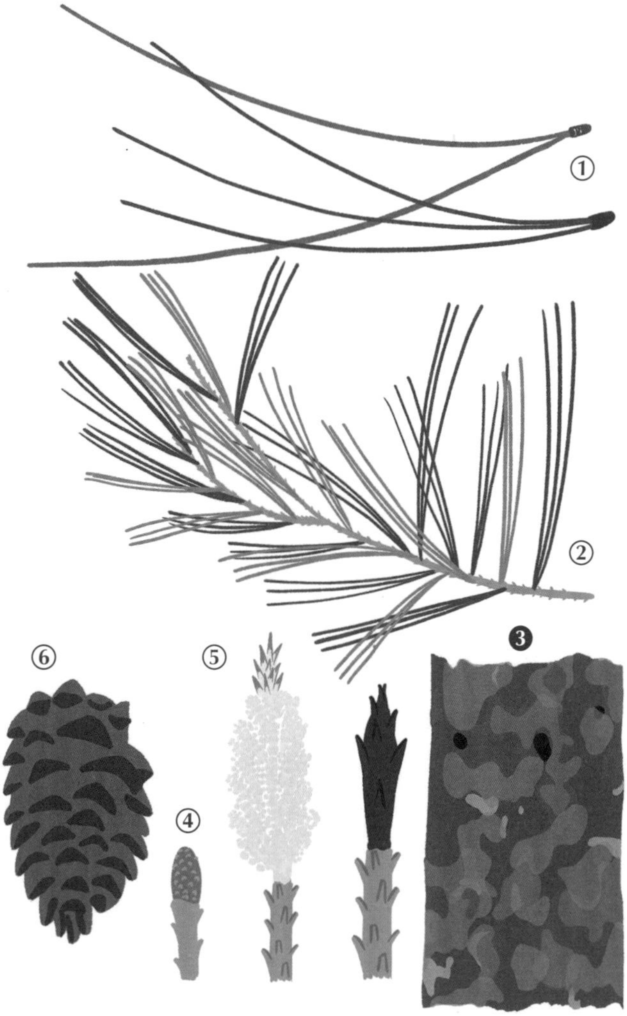

제대로 알려지지 않은 아름다운 나무

식물학자 알렉산더 폰 분게Alexander von Bunge가 1831년 중국에서 발견한 백송은 몇 년 후 유럽으로 들어왔다. 하지만 이 멋진 나무는 이상하게도 원산지인 중국 밖의 지역에서는 여전히 제대로 알려져 있지 않다. 프랑스에서 '나폴레옹 소나무pin Napoléon'라는 별칭이 왜 붙여졌는지 아는 분은 망설이지 말고 우리에게 알려주시기를!

Pirus communis

서양배나무

대부분의 나무 도감에서 서양배나무의 속명을 '*Pyrus*'라고 표기하는데, '*Pyrus*'가 아닌 '*Pirus*'라고 써야 한다. 어원을 살펴보면, 'pyr'는 불을 뜻한다. '*Pirus*'는 그리스어 어간 'pis'에서 비롯된 단어이며, 이 어간에서 'apios'(배를 의미한다 — 옮긴이)라는 단어가 생겨났다. 이러한 표기 오류는 배나무 역사의 시작이 분명하지 않다는 사실을 잘 보여준다. 그렇다고 해서 이런 불분명한 가계도가 오늘날 서양배나무의 재배종이 약 1,000종에 이를 정도로 다양해지는 추세를 막지는 못한다.

목: 장미목 | **과:** 장미과 | **속:** 배나무속 | **배나무속의 수종:** 약 30종

어디에서 볼 수 있을까?

생명력이 강하고 고집 센 수다쟁이 서양배나무는 늦서리를 제외하면 아마 무서울 게 없는 나무일 것이다. 공해, 건조한 날씨, 습한 토양에도 모두 잘 적응한다. 서양배나무에게는 모든 게 '식은 죽 먹기'이다! 유럽, 북미, 호주, 아시아 일부 지역에서 볼 수 있다.

평균 수령
300년 이상

성장 속도
비교적 느림

형태
원뿔 형태로 호리호리하다. 잔가지는 위로 향하고, 줄기가 가냘파 보인다.

① **잎:** 나선상 어긋나기로 잎이 나온다. 앞면은 반들반들하다. 잎자루가 잎몸만큼 길다. 잎은 긴 타원 모양이나 살짝 삼각형처럼 생긴 잎도 있다(길이 3~8센티미터).

② **잔가지:** 어린나무의 잔가지에는 가시가 있다. 광택이 있는 갈색이다. 솜털이 살짝 덮인 잔가지도 있다.

③ **수피와 목재:** 수피는 진회색이며 깊게 갈라진다. 목재 중에서 왕으로 꼽히는 서양배나무의 목재는 분홍빛이 나고 재질이 균일하며 매우 아름다운 광택을 가지고 있다. 고급 가구재, 조각재로 많이 사용된다.

④ **눈:** 뾰족하고 갈색이다.

⑤ **꽃:** 꽃잎이 5장이고 흰색이며, 수술은 자주색이다.

❻ **열매** : 열매는 배의 모양, 서양배의 모양이다! 너무 당연하지 않은가!

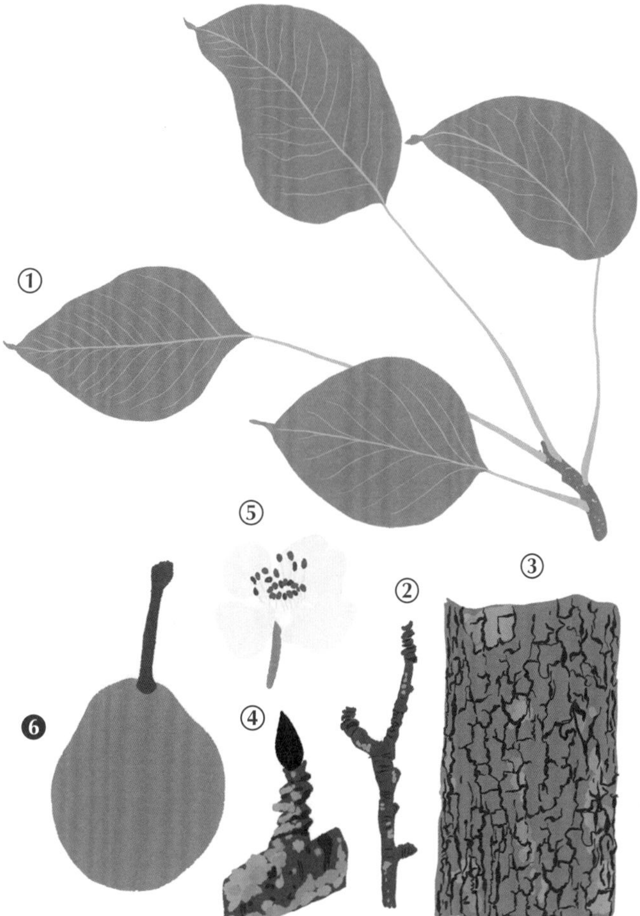

붉은 밀랍의 비밀

시장에서 판매되는 서양배를 보면 열매꼭지에 붉은 밀랍이 붙어 있는 것을 발견할 수 있다. 배는 꼭지가 손상되면 수분을 잃고 마른다. 그래서 밀랍을 붙여 배가 말라버리지 않게 보호하고 보관 상태를 개선하려는 것이다. 그렇게 하면 몇 달을 더 보관할 수 있다.

Prunus amygdalus

아몬드나무

아몬드나무는 사랑과 순결의 상징이다. 그래서 잎보다 먼저 꽃이 하얗게 만개해 잔가지를 덮은 모습은 웨딩드레스를 떠올리게 한다. 벚나무속*Prunus*에 속하는 수종은 모두 꽃잎이 5장이며, 암술 1개에서 열매가 딱 하나 열리고, 열매는 핵(내과피) 1개와 그 속에 씨가 1개 있다는 공통점이 있다.

목: 장미목 | **과:** 장미과 | **속:** 벚나무속 | **벚나무속의 수종:** 400여 종

어디에서 볼 수 있을까?

고대 페르시아 지역이 원산지인 아몬드나무는 소아시아에서 이탈리아까지 느린 속도로 정복했다. 아랍인들이 북아프리카에 심었던 아몬드나무는 여전히 잘 자라고 있다. 미국 캘리포니아에서 전 세계 공급량의 절반 이상을 차지하며 따뜻하고 건조한 지중해 지역에서 많이 볼 수 있다. 아몬드나무는 건조하고 토심이 깊으며 석회질의 토양을 좋아한다. 추위는 싫어한다.

평균 수령	성장 속도	형태
100년	비교적 느림	활짝 펼쳐진 둥근 모양의 작은 야생 나무이다. 가시가 돋아나 있는 나무도 있다.

① **잎**: 긴 타원 모양이고, 단지(짧은 가지)에서 작은 묶음으로 모여난다. 잎의 가장자리에는 가는 톱니가 있다. 잎은 윤이 나고 길이가 7~12센티미터 정도로 길다.

② **잔가지**: 주황빛이 도는 자주색이다. 털이 빨리 없어진다.

③ **수피와 목재**: 수피는 철회색이고 갈라진다. 변재는 흰색이며 두꺼운 편은 아니다. 목재가 아주 단단하다.

④ **눈**: 솜털이 살짝 있다.

⑤ **꽃**: 꽃은 잎이 돋아나기 전에 핀다. 흰색 아니면 분홍색이다. 꽃잎 5장이 서로 포개지지 않고 활짝 펼쳐져 피어난다.

❻ **열매**: 아몬드는 핵과이다. 우리가 먹는 부분은 씨이고 과육 부분은 버린다. 아몬드는 영양이 굉장히 풍부하다. 단백질 함유량이 (고기만큼) 높고 또한 칼슘도 많아 채식주의자에게 인기가 무척 많다. 특히 아몬드에 함유된 영양 성분 중 50퍼센트는 지질이다.

피에르 보나르의 아몬드나무

프랑스 화가 피에르 보나르Pierre Bonnard의 마지막 작품은 꽃이 만개한 아몬드나무를 그린 것이다. 보통의 인상파 화가들과 달리 보나르는 야외에서 작품을 그리지 않았다. 다행히 보나르가 그린 아몬드나무는 프랑스의 작은 마을 르카네에 있는 그의 집 마당에서 자라고 있었다. 「꽃이 핀 아몬드나무L'Amandier en fleurs」는 1947년 그가 집 안에서 창문 너머 나무를 바라보며 그린 그림이다.

Prunus armeniaca

살구나무

늑대와 개가 같은 역사를 가진 것처럼 벚나무, 살구나무, 아몬드나무, 복사나무, 자두나무 등 열매를 맺는 이러한 나무는 벚나무속으로 기원이 모두 같다. 과수 재배는 수천 년 전부터 장미과 나무들의 잠재력을 활용해 체리나 살구, 아몬드 등 사람들이 먹을 수 있는 과일을 다양하게 만들어냈다.

목: 장미목 | **과:** 장미과 | **속:** 벚나무속 | **벚나무속의 수종:** 400여 종

어디에서 볼 수 있을까?

복사나무처럼 살구나무의 원산지는 중국 북쪽 지역과 몽골이다. 상인들의 동선을 따라 살구나무도 세계를 정복했다. 너무 습한 토양만 아니면 모든 종류의 토양을 견딘다. 살구나무는 바람으로부터 보호받아야 하며, 꽃이 일찍 피는 만큼 영하의 기온을 무서워한다. 유럽 여러 나라와 북아프리카에서 볼 수 있다.

평균 수령	성장 속도	형태
50년	꽤 빠름	우아하게 구불구불한 가지들이 둥근 모양의 수관을 이룬다.

① **잎:** 심장 모양이고, 끝이 급격히 뾰족해진다. 가장자리에 이중 톱니가 있다. 색은 광택이 있는 진한 초록색이다.

② **잔가지:** 진한 빨간색이고 광택이 꽤 나는 편이다.

③ **수피와 목재:** 수피는 붉은빛이 도는 회색이며 나이가 들면서 갈라진다. 목재는 연마와 가공 작업이 수월해 고급 가구재로 사용된다.

④ **눈:** 작은 공 모양이고, 장밋빛이다.

❺ **열매**: 열매는 살구로, 핵 안에 씨가 있다. 오래전부터 살구씨로 리큐어(혼성주)를 만들었는데, 이를 '오 드 누와요 eau de noyau'라고 한다.

꽃: 꽃이 1~2개씩 달리며, 아주 일찍 핀다. 흰색과 분홍색이며, 크기가 작은 편이다.

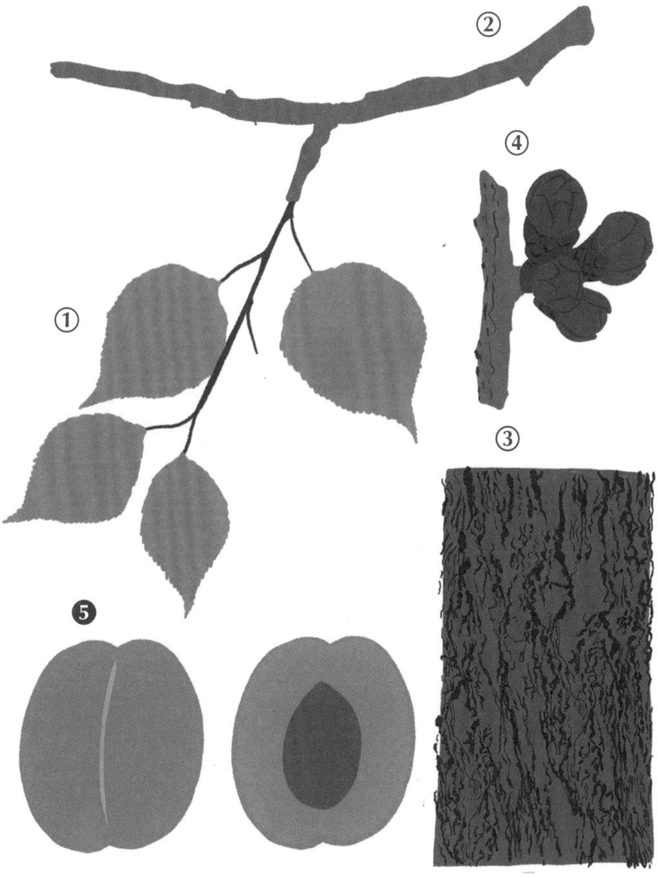

살구의 신기한 힘

스페인 남부 안달루시아 지역에서 떠도는 속설에 따르면, 살구는 열정과 정욕을 깨우는 힘이 있다고 한다. 그래서 여자가 살구나무의 잎을 옷 속에 숨기면 구혼자들의 눈에 매력적인 사람으로 보인다고 믿었다. 속된 말로 살구에 에로틱한 감각이 아주 많이 들어 있는 것이다.

Prunus avium

양벚나무
또는 단버찌

양벚나무는 다양한 재배종을 탄생시켰다. 그 열매인 체리(버찌)는 빨강, 주황, 크림색 등 색에 따라 비가로bigarreau와 기뉴guigne 등의 이름이 붙여졌다. 은빛이 도는 줄기와 부드러운 잎을 가진 이 나무는 많은 사랑을 받고 있다.

목: 장미목 | **과:** 장미과 | **속:** 벚나무속 | **벚나무속의 수종:** 400여 종

어디에서 볼 수 있을까?

활엽수와 침엽수가 섞인 혼효림을 비롯해 해발 1,700미터까지의 지대에서 양벚나무를 만날 수 있다. 토심이 깊고 영양분이 풍부한 토양, 석회질 및 점토질 토양을 좋아한다. 유럽, 서아시아, 모로코, 튀니지, 노르웨이, 코카서스(캅카스) 지방과 이란 북부에서 볼 수 있다.

평균 수령	성장 속도	형태
100년	빠름 (20년 동안 13~15미터)	밑줄기가 곧고 수관이 길다. 우아하고 부드러운 인상을 풍기는 나무이다.

부채

① **잎:** 잎이 꽤 크다(길이 5~15센티미터). 잎몸 아래쪽 잎자루에 작은 꿀샘이 2~3개 있다. 잎은 피침 모양이고 어긋나기로 돋아나며, 잎의 가장자리에는 불규칙한 모양의 톱니가 있다. 가을이면 주홍색으로 예쁘게 물든다. 양벚나무의 잎은 곤충의 공격을 자주 받는다.

② **잔가지:** 윤이 나는 갈색의 잔가지에는 털이 없다. 흰색의 얇은 막으로 덮여 있다.

❸ **수피와 목재**: 특징이 뚜렷하다. 수피는 청동빛을 띠는 메탈릭 그레이 색상이고, 껍질눈(피목)이 불규칙하게 가로로 나 있다. 변재는 분홍빛을 살짝 띠는 흰색이며 단단하고 무겁다. 윤이 나서 인기가 좋은 양벚나무의 목재는 특히 악기에 사용된다.

④ **눈:** 길고 적갈색이다. 잔가지 위에 눈이 분산되어 돋아난다.

⑤ **꽃:** 꽃은 눈처럼 하얗고, 꽃자루가 길며, 꽃잎은 5장이다. 꽃밥이 노란 수술은 그 수가 많다.

⑥ **열매:** 주홍색의 체리는 크기가 작고 맛이 쌉싸름하다. 새들과 키르슈kirsch(체리로 만든 증류주 — 옮긴이) 애호가들에게 즐거움을 주는 열매이다.

신석기 시대, 청동기 시대 그리고 이 책의 시작

여러 선사 시대 유적지 주변에서 체리의 씨가 무수히 많이 발견되었다. 호모 사피엔스는 늘 지혜롭다. 양벚나무는 나의 아버지가 가장 좋아하는 나무이고, 내 인생에서 처음으로 심은 나무이다. 내가 이 책을 쓰는 데 양벚나무의 영향도 일부 있다.

Prunus domestica

서양자두나무

블랙손 blackthorn(가시자두)이라고도 불리는 야생 자두나무와 소아시아 및 코카서스가 원산지인 자엽꽃자두를 교배한 결과가 서양자두나무일 것으로 추정된다. 프랑스 남서부 도시 아쟁에서는 서양자두나무의 열매로 건프룬(말린 서양자두)을 만든다. 오늘날 서로 다른 자두나무 재배종이 400종이 넘는다.

목: 장미목 | **과:** 장미과 | **속:** 벚나무속 | **벚나무속의 수종:** 400여 종

어디에서 볼 수 있을까?

관목들이 자라는 숲의 가장자리에서 볼 수 있으며, 산울타리로 사용된다. 재배종이 무척 다양하다. 품종마다 가진 특징을 정확하게 구분지어 말하기 어려울 정도로 품종끼리 차이가 미미하다. 그저 생명력이 강하고 어디서든 잘 자란다는 점만 알면 된다. 중국, 루마니아, 세르비아, 미국, 이란, 튀르키예 등에서 많이 볼 수 있다.

평균 수령	성장 속도	형태
약 30년	꽤 빠름	가시가 하나도 없다. 수관이 빽빽하고 낮다. 아주 높이 자라지 않는다(최대 10미터).

① **잎:** 달걀 모양 또는 피침 모양이다. 턱잎이 떨어지지 않는다. 잎의 가장자리에는 불규칙한 모양의 톱니가 있다. 잎의 뒷면에 아주 짧은 솜털이 있다.

② **잔가지:** 와인 빛이 도는 자주색이며 털이 없다.

③ **수피와 목재:** 금갈색을 살짝 띠는 회색 수피는 깊게 갈라진다. 적갈색 목재는 보랏빛이 도는 붉은색 결이 있으며, 단단하고 무겁다. 고급 가구재와 쪽매붙임할 때 공예재 등으로 사용된다.

④ **눈:** 길고 뾰족하다. 잔가지마다 2~3개씩 눈이 돋아난다. 끝눈이 없다.

⑤ **꽃:** 황백색의 크기가 작은(2센티미터밖에 되지 않는다) 꽃은 잎과 함께 돋아난다.

❻ **열매:** 열매인 서양자두는 붉은색 또는 자주색이다. 핵과 쉽게 분리되며 껍질이 매끄럽다.

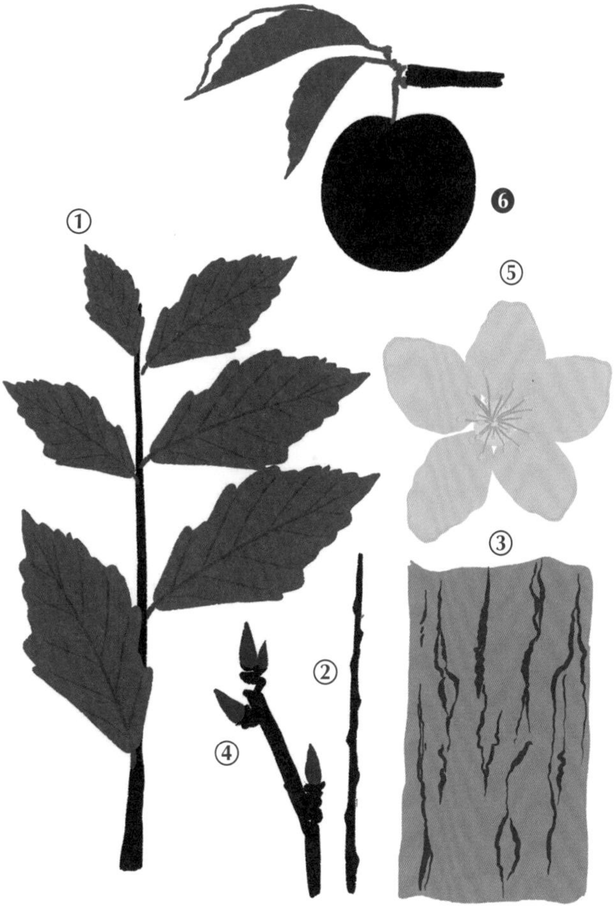

다마스쿠스에서 온 서양자두

사람과 서양자두의 관계는 수천 년 전으로 거슬러 올라간다. 고대 로마의 정치인 대 플리니우스 Gaius Plinius Secundus가 쓴 글에 따르면, 시리아의 다마스쿠스산 서양자두를 로마인들이 좋아했다고 한다. 그 이후 십자군 병사들이 고국으로 돌아올 때 서양자두나무를 가져오면서 유럽 대륙에 서양자두가 등장했던 것으로 보인다.

Prunus serrulata

벚나무

일본의 명물 벚나무는 40~50종의 재배종이 있다. 가장 잘 알려진 재배종은 지금 소개할 벚나무 '칸잔Kanzan'이다. 일본 사람들은 '하나미', 직역하면 '꽃을 바라본다'라는 뜻을 지닌 벚꽃 축제를 열어 사쿠라(일본어로 벚꽃을 의미)가 아름답게 만개하는 경치를 즐긴다.

목: 장미목 | **과:** 장미과 | **속:** 벚나무속 | **벚나무속의 수종:** 400여 종

어디에서 볼 수 있을까?

야생종 벚나무는 한국, 중국, 일본에서 왔다. 다양한 재배종은 모두 햇빛을 좋아하고 바람으로부터 안전한 지대에서 자란다는 공통점이 있다. 모래질 및 점토질 토양을 좋아하며 도시 공해를 잘 견딘다. 거의 대부분의 온대 지역에서 벚나무를 볼 수 있다.

평균 수령
재배종에 따라 40년에서 100년 이상까지 다양하다.

성장 속도
다소 빠름
(품종에 따라 다르지만 벚나무 '칸잔'의 경우 빠르다.)

형태
수관이 넓게 펼쳐지고, 나무의 꼭대기는 아주 납작하다.

① **잎:** 달걀 모양이고, 꽤 크다(길이 6~12 센티미터). 짧은 잎자루에 2~4개 정도의 꿀샘이 있다. 잎들이 촘촘하게 모여 난다.

② **잔가지:** 갈색이고 털이 없다.

③ **수피와 목재:** 메탈릭 그레이 색상의 수피에 껍질눈이 있다. 노란색 목재는 심재가 적갈색이고 꽤 무겁다. 가구재로 잘 쓰인다.

④ **눈:** 길고 가늘다.

⑤ **꽃:** 진줏빛이 도는 흰색 또는 옅은 분홍색이다. 다양한 길이로 자라는 꽃자루에서 꽃이 작은 묶음으로 돋아난다. 23~28장의 꽃잎이 장미꽃 모양으로 피어 감탄을 자아낸다.

❻ **열매**: 살구만 한 버찌는 색이 아주 검고 그 안에 씨가 들어 있다.

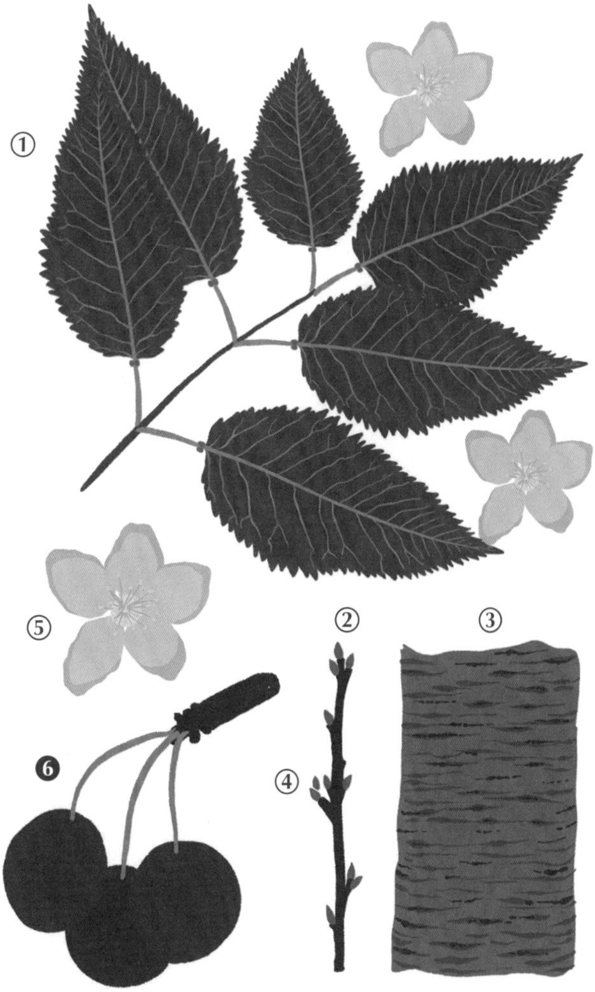

부드러운 길

'부드러운 길'이라는 의미를 가진 무술인 유도는 어떻게 탄생했을까? 1882년 어느 겨울날, 가노 지고로가 벚나무 한 그루를 보고 있었다. 매우 억센 굵은 가지는 눈의 무게에 못 이겨 부러졌는데, 가장 가늘고 부드러운 어린 가지는 눈이 저절로 떨어지게 휘어져 있었다. 이를 보고 그는 부드러운 것이 강한 것을 이긴다는 깨달음을 얻었다고 한다.

일본 벚나무

일본의 공원과 정원에는 특히 벚나무가 많다. 매우 다양한 재배종이 아름다운 모습을 보여준다.

벚나무 '타이 하쿠'
Prunus 'Tai Haku'

벚나무 '야에-무라사키-자쿠라'
Prunus 'Yae-Murasaki-Zakura'

산벚나무
Prunus sargentii

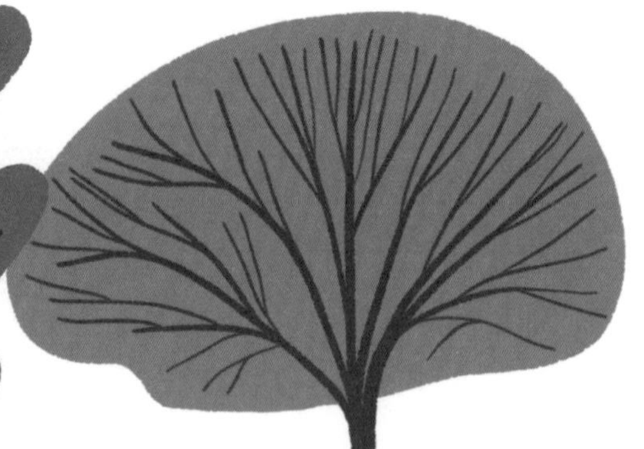

벚나무 '칸잔'
Prunus 'Kanzan'

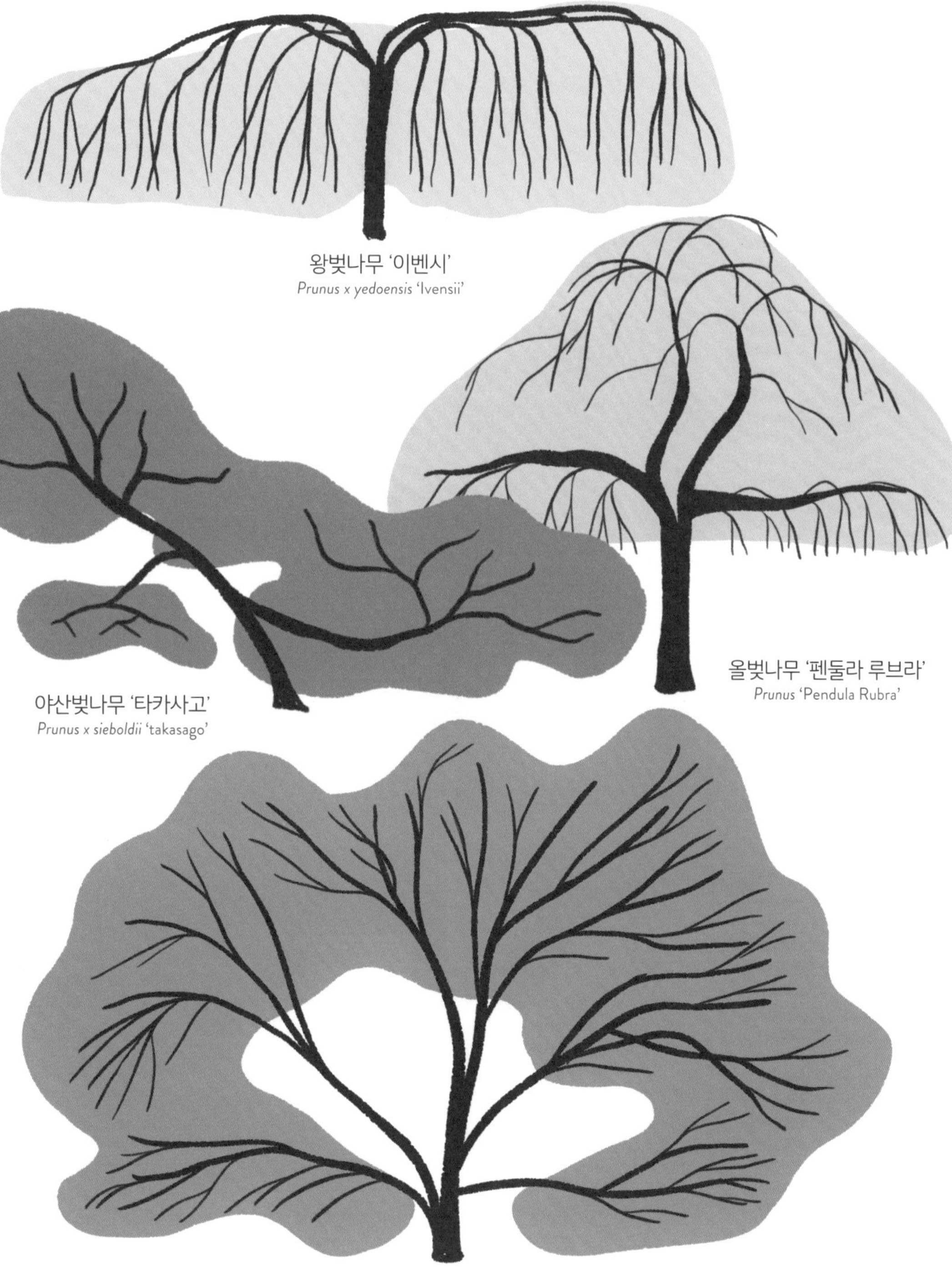

왕벚나무 '이벤시'
Prunus x yedoensis 'Ivensii'

야산벚나무 '타카사고'
Prunus x sieboldii 'takasago'

올벚나무 '펜둘라 루브라'
Prunus 'Pendula Rubra'

야마사쿠라벚나무
Prunus jamasakura

Quercus suber

코르크참나무

마개를 만들기 위한 코르크참나무 재배는 이미 고대 그리스 사회에 잘 알려져 있었다. 코르크참나무를 재배하려면 엄청난 인내가 필요하다. 코르크참나무의 껍질을 벗기는 작업을 하고 난 다음 해에는 줄기가 특유의 진한 붉은색을 띤다. 나중에 새로 형성된 껍질은 10년 후 수확할 수 있다.

목: 참나무목 | **과:** 참나무과 | **속:** 참나무속 | **참나무속의 수종:** 약 250종

어디에서 볼 수 있을까?

코르크참나무는 지중해 연안의 대표적인 나무로 포르투갈, 이탈리아, 코트디쥐르, 마그레브에서 자란다. 메마른 토양을 좋아하는 나무로 유명하다. 또한 코르크참나무는 고온성 나무라서 햇빛과 열을 좋아한다. 반면에 석회질 토양은 싫어한다.

평균 수령
300년

성장 속도
비교적 느림
(특히 초년기)

형태
상록성 잎과 묵직하고 구불구불한 가지가 만드는 수관의 높이가 낮다. 크기가 작고 단단해 보이는 참나무이다.

① **잎:** 진한 초록색이고 가죽질이다. 잎 가장자리의 톱니가 가시처럼 생겼다.

② **잔가지:** 처음에는 짧고 부드러운 털이 나다가 점점 울퉁불퉁해지고 코르크 재질로 바뀐다.

❸ **수피와 목재** : 갈라진 수피 아래에는 두꺼운 코르크층이 있다. 코르크참나무 재배지에서는 7~10년마다 코르크참나무의 수피를 벗겨내 코르크를 채취한다. 목재는 밀도가 높고 매우 단단하다.

④ **눈:** 작고 달걀 모양이다. 짙은 자주색이며 짧고 부드러운 털이 나 있다.

⑤ **꽃:** 꼬리모양꽃차례로 피는 수꽃은 앞선 해에 자라난 잔가지의 끝에 달린다. 꼬리모양꽃차례로 피는 암꽃은 새로운 잔가지에서 2~3개씩 돋아난다.

⑥ **열매:** 참나무의 열매인 도토리는 알이 크고 긴 타원 모양이며, 검은색이다. 비늘 조각으로 이루어진 깍정이(각두) 안에 열매가 들어 있다.

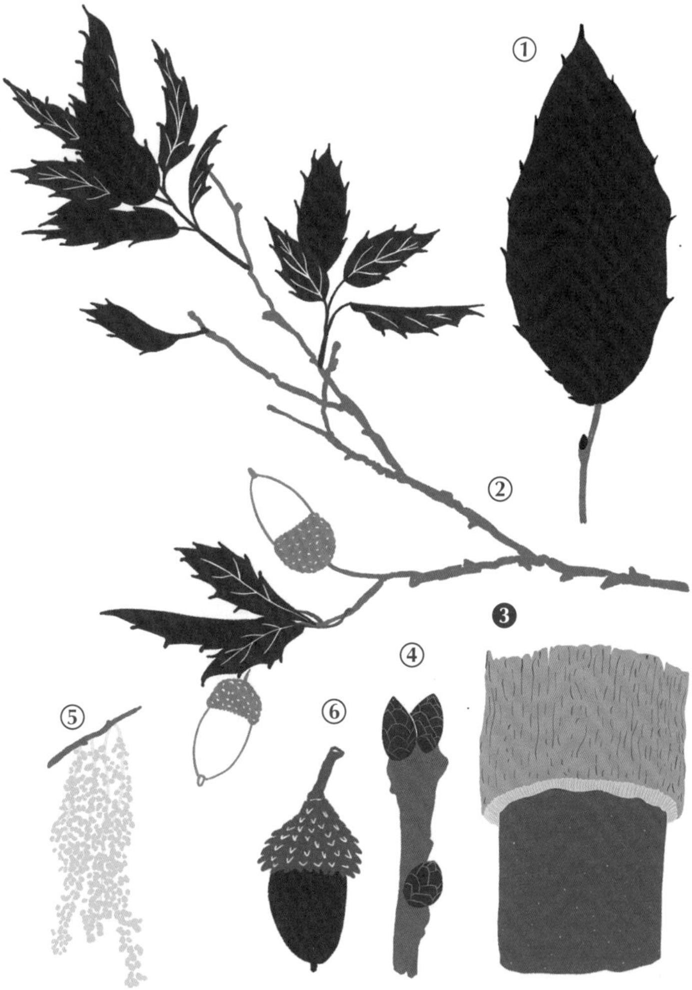

코르크 마개 하면…

와인 오프너! 코르크 마개로 입구가 막힌 와인 병을 따려면 와인 오프너가 필요하다. 와인 오프너는 1795년 사무엘 헨샬 Samuel Henshall이 처음으로 특허 등록했다. 영국인들이 만든 와인 오프너는 본래 런던의 금융 중심지인 시티 오브 런던의 길드에 소속된 무기 제조업 회원들이 고안한 무기였다.

Salix caprea

호랑버들

생장 속도가 빠른 나무 중에서도 선두 주자인 호랑버들은 꿀벌에게, 그리고 가톨릭교에서 특히나 중요하다. 꿀벌에게 호랑버들은 엄청난 꿀 공급지이며 가톨릭교회에서는 부활절 축제 장식으로, 성지 주일에 축성할 때 호랑버들의 가지를 사용하기 때문이다.

목: 버드나무목 | **과:** 버드나무과 | **속:** 버드나무속 | **버드나무속의 수종:** 300여 종

어디에서 볼 수 있을까?

유럽의 대부분 지역뿐만 아니라 동북아시아, 이란의 북쪽 지역에서 자란다. 더위를 좋아하지만 다른 기후에도 무난히 적응한다. 버드나무(버들)는 보통 습한 토양을 좋아하는데, 호랑버들은 더 건조한 토양에도 적응한다. 생명력이 꽤 강한 호랑버들은 바람도 잘 견딘다.

평균 수령	성장 속도	형태
60년	매우 빠름	흔히 우리가 보는 호랑버들은 관목 형태이지만, 숲에서는 약 10미터 정도로 자랄 수 있다. 가지는 활처럼 휘어지고 나무 꼭대기가 들쭉날쭉한 수관을 형성한다.

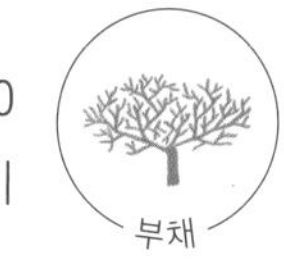

① **잎:** 크기가 다양하며 달걀 모양이다. 잎의 가장자리는 물결 모양이다. 짧고 뾰족한 끝이 한쪽으로 기울어져 있다. 잎의 뒷면에는 회녹색 솜털이 있고, 잎맥이 선명하게 보인다.

② **잔가지:** 길이가 들쭉날쭉하다. 회색이나 빨간색 또는 노란색이며(햇빛을 받은 양에 따라 달라진다), 제법 굵은 편이다.

③ **수피와 목재:** 수피는 회녹색에서 완전히 거무스름하게 변하고, 마름모꼴로 갈라진다. 목재는 연하며 가볍고, 면적이 작은 심재는 불그스름하다.

④ **눈:** 작고 달걀 모양이다. 노란 눈껍질 1개가 눈을 싸고 있다.

⑤ **꽃:** 꽃이 잎보다 먼저 돋아난다. 꼬리모양꽃차례로 달리는 금색 수꽃에는 노란 수술이 곤두서 있다. 꼬리모양꽃차례로 달리는 은색 암꽃에는 초록색 암술이 있다. 꿀벌들이 무척 좋아한다.

⑥ **열매:** 2개의 삭편이 있는 삭과에서 잔털이 있는 씨가 무수히 많이 나온다.

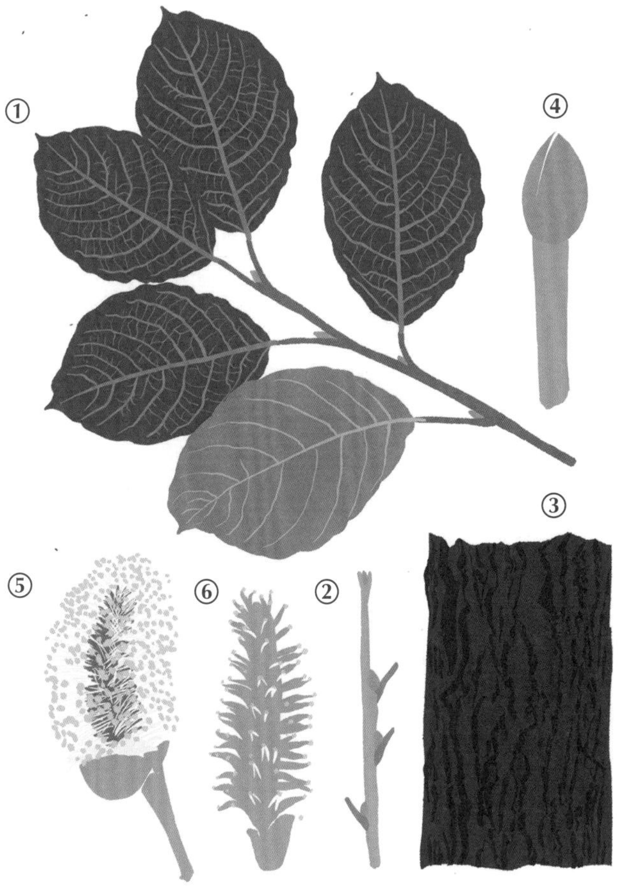

고양이의 작은 발처럼 부드러운

프랑스 알자스 지역과 독일에서는 부활절 기간 동안 꽃이 달린 호랑버들의 잔가지를 회양목과 함께 집을 장식하는 데 쓴다. 삭편이 있는 삭과의 솜털 같은 씨를 만지면 부드러워 독일에서는 호랑버들을 '고양이의 작은 발Katzenpfötchen'이라는 별칭으로도 부른다.

Acer campestre

들단풍나무

고대 그리스·로마 시대에는 단풍나무 목재로 창을 만들었다. 이런 쓰임새 때문에 단풍나무의 학명에 라틴어로 '뾰족하다'는 의미를 가진 'acer'가 붙여졌다. 가장 다양하게 사용되는 나무이자 경관을 아름답게 하기 위해 가장 왕성하게 활동하는 나무이다. 높이가 적당해 산울타리로 쓰기에 좋다.

목: 무환자나무목 | **과:** 단풍나무과 | **속:** 단풍나무속 | **단풍나무속의 수종:** 약 115종

어디에서 볼 수 있을까?

타협적인 들단풍나무는 바람과 건조한 날씨를 잘 견디고 도시에서도 잘 자란다. 석회질 토양을 좋아하지만, 모든 형태의 토양에 적응한다. 유일하게 견딜 수 없는 환경은 정체된 습도이다. 프랑스를 제외한 영국 남부와 유럽 전역에서 볼 수 있다.

평균 수령	성장 속도	형태
150년	빠름 (20년 동안 9미터)	덤불 모양으로 자라는 키가 작은 나무(평균 10미터)이다. 산울타리로 쓰기에 좋고 잡목림에서도 잘 자란다. 가지가 빽빽하게 자라고 나무의 꼭대기는 둥그스름하다. 들단풍나무는 그리 까다롭지 않아 모든 토양에서 자란다.

① **잎:** 잎이 3~5개의 둥근 갈래로 깊게 갈라진다. 작은 잎(폭이 약 10센티미터 정도)은 여름에 진한 초록색이었다가 가을이 되면 붉은빛을 띠는 노란색으로 변한다.

② **잔가지:** 들단풍나무의 큰 특징 중 하나는 잔가지에 나타나는 (코르크질의) 갈색 돌기이다.

③ **수피와 목재:** 코르크질이 약간 발달된 수피는 크림색이 섞인 갈색이고, 울퉁불퉁하게 갈라진다. 목재는 재질이 균일하고 밀도가 높으며 무겁다. 농기구 등 기구의 손잡이를 만들 때 자주 찾는 목재이며, 짚빛깔의 노란색이다.

④ **눈:** 크기가 작고, 갈색이다. 유액을 함유하고 있다. 눈의 가장자리에 흰색 털 몇 가닥이 있다.

⑤ **꽃:** 잎이 난 다음에 돋아난다. 황록색 꽃은 작은 묶음으로 모여 있다.

⑥ **열매:** 헬리콥터의 프로펠러처럼 생겨 수평으로 펼쳐진 날개 안에 2개의 씨가 달린 시과이다. 초록색 또는 진분홍색이다.

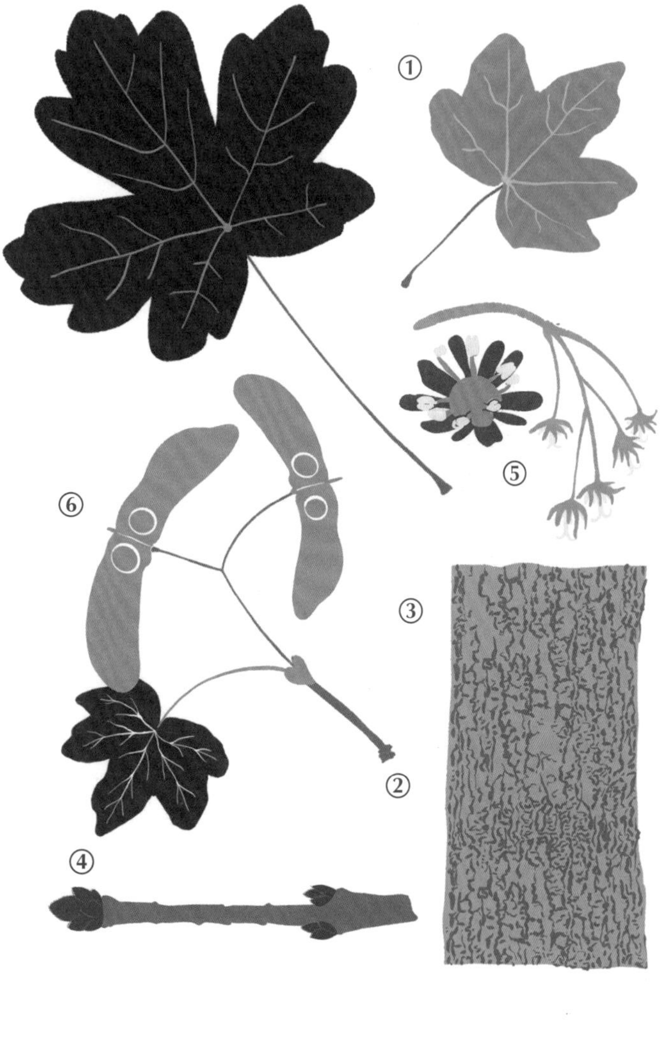

달콤한 맛

들단풍나무는 자신의 큰 매력을 숨기고 있다. 그렇지만 사람들은 들단풍나무가 꿀이 나는 나무라는 것을 알았고, 게다가 그 맛이 엄청나게 좋다는 사실을 발견했다. 그래서 들단풍나무의 수액으로 시럽을 만들고 여러 재료가 들어간 샐러드에 어린잎을 넣어 먹는다.

Acer platanoides

플라타노이데스단풍나무

놀라운 적응력과 빠른 성장 속도를 보이는 플라타노이데스단풍나무는 오늘날 도시 환경을 정비할 때 큰 사랑을 받는 나무 중 하나이다. 일반적으로 노르웨이단풍나무라 불리는 이 나무는 늘 사람과 함께했다. 옛날 사람들은 양에게 주는 먹이와 샐러드 재료로 이 나무의 잎을 썼다. 그래서 플라타노이데스단풍나무를 별칭으로 '샐러드 나무'라고 부른다!

목: 무환자나무목 | **과:** 단풍나무과 | **속:** 단풍나무속 | **단풍나무속의 수종:** 약 115종

어디에서 볼 수 있을까?

이 나무가 잘 자라기 위해서는 영양분이 풍부하고 습하며 서늘한 토양이 필요하다. 그렇지 않으면 잘 자라지 못한다. 햇빛을 필요로 하며, 도시 공해를 잘 견디지만 추위를 무서워한다. 주변 환경에 무난히 적응하고 새들에게 먹이를 제공하는 나무로 도시와 시골 마을에서 볼 수 있다. 스페인 동쪽, 러시아, 스칸디나비아 남부, 이란 북동쪽, 중부 유럽과 서아시아에서 볼 수 있다.

평균 수령	성장 속도	형태
200년	빠름 (20년 동안 10.5미터)	플라타너스단풍나무보다 키가 더 작은 플라타노이데스단풍나무는 높이가 25미터를 거의 넘지 않는다. 나무의 꼭대기는 둥글고 잎으로 빽빽하다. 줄기가 가늘다.

① **잎:** 잎이 크며(길이 10~20센티미터), 가장자리의 톱니는 길고 가늘며 뾰족하다. 긴 잎자루에서 우윳빛 즙이 나온다. 고운 질감의 잎은 반들반들하고 진한 초록색이다.

② **잔가지:** 갈색이고 윤이 난다.

❸ **수피와 목재**: 수피는 옅은 회색이고, 작은 조각으로 가늘게 갈라진다. 절대 벗겨지지 않는다! 목재는 노르스름한 색이며 아주 단단하고 무겁다.

④ **눈:** 털이 없는 눈껍질은 적갈색과 초록색, 두 가지이다.

⑤ **꽃:** 무척 풍성하게 피는 꽃은 산방꽃차례로 한데 모여서 나고, 레몬색을 띠는 연한 초록색이다.

❻ **열매**: 안쪽에 털이 없이 2개의 시과가 붙어 있다.

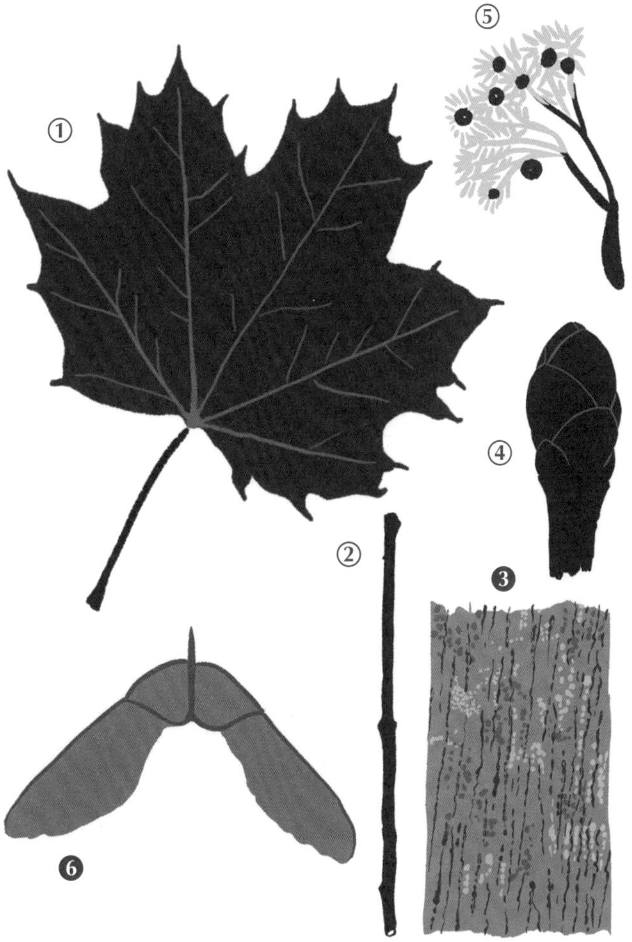

마녀를 조심해!

프랑스에는 단풍나무가 마녀들의 접근을 잘 막아준다는 속설이 있다. 게다가 마녀들이 사용하는 마법의 지팡이도 단풍나무로 만들었다는 이야기가 있다. 그래서 옛 농부들은 마녀들이 가까이 오지 못하게 하려고 단풍나무 조각을 집과 곳간의 문에 박았다.

Acer pseudoplatanus

플라타너스단풍나무

플라타너스단풍나무(산단풍나무)는 과거 보헤미아에서 '류트 나무'라고도 불렸다. 이 나무로 만든 류트가 음악가들에게 많은 사랑을 받았기 때문이다. 류트뿐만 아니라 피리, 기타, 바이올린을 플라타너스단풍나무로 만들었다. 그렇지만 사람들이 플라타너스단풍나무를 좋아하는 것은 무엇보다 이 나무의 멋지고 거대하며 고독한 모습에 매료되고 묵직한 존재감에서 안정감을 느끼기 때문이다.

목: 무환자나무목 | **과:** 단풍나무과 | **속:** 단풍나무속 | **단풍나무속의 수종:** 약 115종

어디에서 볼 수 있을까?

전원에 자리를 잡은 플라타너스단풍나무는 시골의 맑고 상쾌한 공기를 좋아한다. 도시에 있으면 아주 불행하다. 습하고 서늘한 토양, 석회질 토양, 그리고 볕이 잘 드는 자리를 좋아하는 나무이다. 아름다우면서 고독한 나무라고 할 수 있다. 중부 유럽과 서아시아, 프랑스 동쪽, 우크라이나, 튀르키예 북부, 코카서스, 이베리아반도에서 볼 수 있다.

평균 수령	성장 속도	형태
500년까지	꽤 빠름 (20년 동안 10.5미터)	단풍나무 중에서 가장 큰 플라타너스단풍나무는 높이 40미터까지는 수월하게 자란다. 열매와 꽃이 나오는 가지는 튼튼하고, 잔가지는 구불구불하게 자란다. 나무의 꼭대기가 아주 넓다. 줄기가 곧고 강하다.

① **잎:** 잎이 크고(15센티미터까지 자랄 수 있다), 잎의 끝 쪽이 아래를 향해 늘어져 있다. 가장자리에 톱니가 있다. 잎은 다섯 갈래로 갈라지는데 갈래 조각이 피침 모양이고 결각(잎의 가장자리가 갈라져 들어간 부분—옮긴이)은 좁고 예리하다. 잎의 뒷면에 발달된 잎맥에는 털이 있다.

② **잔가지:** 분홍빛을 띠는 회색 잔가지는 구불구불하다.

③ **수피와 목재:** 수피는 다소 둥글고 작은 조각으로 갈라지며, 회색에서 연갈색으로 바뀐다. 목재는 흰색이고 단단하다. 주로 세공품과 나막신을 만들 때 사용된다. 땔나무로도 아주 좋은 목재이다.

④ **눈:** 눈껍질이 초록색이다. 눈은 제법 크고 달걀 모양이다.

⑤ **꽃:** 아주 긴 꽃자루의 끝에 노란 꽃들이 촘촘하게 붙어 아래로 늘어진다.

⑥ **열매:** 2개의 시과(쌍둥이 시과)로 묶여 있고, 씨 주변부가 볼록하게 튀어나와 있다.

안전망

알프스 지역에서 플라타너스단풍나무는 소중한 친구이다. 튼튼한 뿌리를 가진 플라타너스단풍나무는 경사지에 있는 토사가 무너지지 않고 산사태가 일어나지 않도록 안전하게 막아준다. 게다가 이 나무는 훌륭한 바람막이 역할도 한다.

Acer saccharum

설탕단풍나무

캐나다는 만일의 사태를 대비할 수 있게 설탕단풍나무의 수액으로 만든 단풍 시럽(메이플 시럽)을 전략적으로 비축해둔다. 이렇게 저장된 단풍 시럽이 탐욕을 불러일으켰다. 몇 년 전, 2,000만 달러의 가치를 지닌 3,000톤이 넘는 단풍 시럽이 도난당한 사건이 있었기 때문이다.

목: 무환자나무목 | **과:** 단풍나무과 | **속:** 단풍나무속 | **단풍나무속의 수종:** 약 115종

어디에서 볼 수 있을까?

설탕단풍나무가 생장하는 데 최상의 조건은 아주 서늘한 토양이 섞인 좋은 부식토층, 뿌리가 뻗어나가기 위한 공간 그리고 햇빛이다. 설탕단풍나무는 제법 생명력이 강한 편이며 염분도 견딘다. 미국 동북부와 중서부, 캐나다 지역에서 볼 수 있다.

평균 수령	성장 속도	형태
200년	꽤 빠름 (20년 동안 10.5미터)	수관이 반듯하고 잎으로 빽빽하며 모양도 곧아 아름다운 나무이다(40미터까지 자란다).

❶ **잎**: 잎이 갈라진다. 갈래 조각의 끝이 가늘고 길며, 결각은 좁고 깊다. 가을에는 나무가 강렬한 빨간색에서 금색으로, 주황색에서 진홍색으로 변하는 환상적인 색채를 보여준다.

② **잔가지**: 녹갈색이다. 가지에 자주색 줄이 하나 있는데, 이 줄 양쪽에 2개의 눈이 돋아나 있다.

③ **수피와 목재**: 회색 수피는 세로로 갈라지며, 두껍고, 벗겨진다. 목재의 심재는 카민 색을 띠는 갈색이다. 변재의 색은 옅다. 목재는 단단하고 무겁고, 고급 가구재로 많이 찾는다.

④ **눈**: 구릿빛을 띠고, 원뿔 모양이다.

⑤ **꽃**: 긴 꽃자루의 끝에서 산방꽃차례로 피는 황록색 꽃들은 한데 무리 지어 달려 있다.

⑥ **열매**: 2개의 시과로 날개가 약간 비대칭이다.

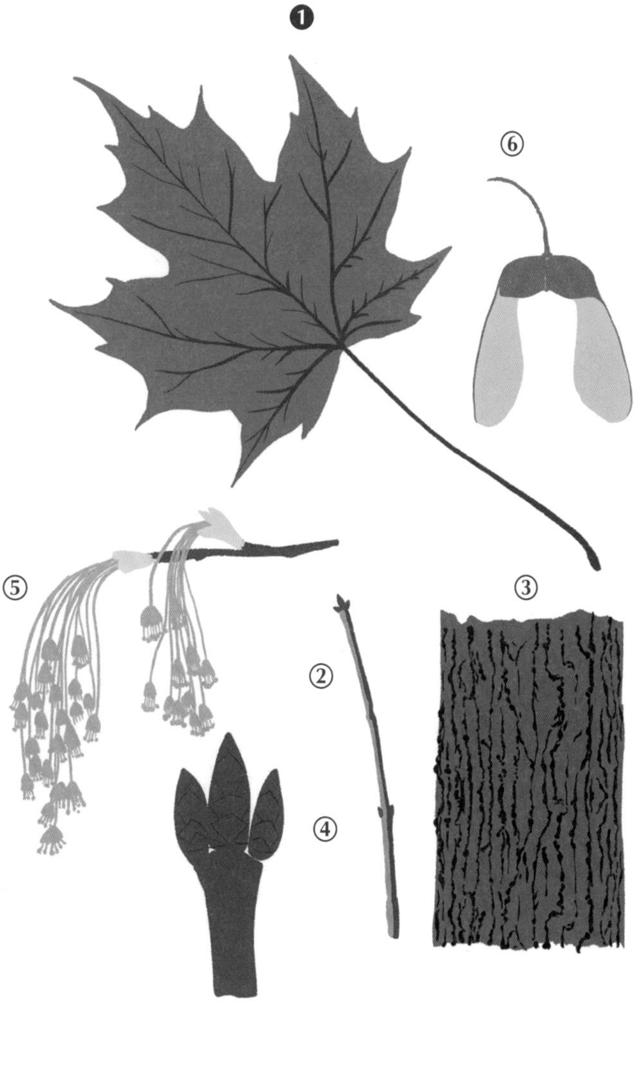

엄청 유명한 나무!

설탕단풍나무는 캐나다의 상징이 되었고 심지어 캐나다 국기에도 있다. 설탕단풍나무의 아주 달달한 수액으로 만든 단풍 시럽도 유명하다. 약 30~50리터의 수액을 끓이면 1리터 정도의 시럽이 나온다. 이렇게 만든 단풍 시럽이 전 세계로 수출된다. 무엇보다 팬케이크를 먹을 때 단풍 시럽을 곁들이면 좋다.

Aesculus hippocastanum

서양칠엽수

19세기 말까지 식물학자들은 서양칠엽수(가시칠엽수, 마로니에)가 인도에서 온 나무라고 확신했다. 심지어 인도의 북쪽 지역에서 서양칠엽수를 찾기 위한 과학 탐험도 여러 차례 이루어졌다. 하지만 실제로 오늘날 유럽의 큰길가와 공원을 아름답게 꾸며주는 서양칠엽수는 발칸반도가 원산지인 것으로 추정된다.

목: 무환자나무목 | **과:** 칠엽수과 | **속:** 칠엽수속 | **칠엽수속의 수종:** 약 30종

어디에서 볼 수 있을까?

서양칠엽수는 좋아하는 게 명확하다. 석회질 토양, 중토, 모래질 토양을 좋아한다. 싫어하는 환경은 염분과 뜨거운 태양, 건조한 공기이다. 따라서 바닷가에 서양칠엽수를 심으면 안 된다. 알바니아, 불가리아, 그리스, 튀르키예 등에 자생하며 전 세계 공원에서 볼 수 있다.

평균 수령
250년

성장 속도
빠름
(20년 동안 12미터)

형태
나무 꼭대기의 폭이 좁아 수관이 약간 달걀 모양에 가깝다. 줄기는 튼튼하고, 굵은 가지는 위를 향해 뻗어간다.

① **잎:** 무척 특색이 있다. 5~7장의 잎이 별 모양으로 모여 초록색 깃털처럼 보인다. 소엽은 잎자루가 없으며, 잎의 앞면은 초록색이 짙고 뒷면은 옅다.

② **잔가지:** 붉은색과 회색이다. 낙엽이 떨어지면서 생긴 흔적(잎자국)이 말의 편자 모양처럼 남아 있다.

③ **수피와 목재:** 회갈색 수피는 세로로 갈라지고 작은 조각으로 떨어진다. 목재는 노란빛을 띠는 흰색이고 재질이 균일한 편이다. 작업하기에 수월하지만 질이 좋지 않다.

④ **눈:** 굵고 가죽처럼 윤이 난다. 눈껍질이 끈적끈적하다(프로폴리스가 끈적거리는 것인데, 벌집의 균열을 메우고 벌집을 고정해 주므로 꿀벌들이 무척 좋아한다).

❺ **꽃**: 흰색과 분홍색 꽃들이 핀다. 크기가 큰 원추꽃차례로 달린다.

❻ **열매**: 가시가 있는 밤송이는 세 갈래로 벌어지는데, 그 안에 씨가 1개 있다. 열매는 굵은 밤처럼 생겼지만 먹을 수 없는 열매이니 조심해야 한다!

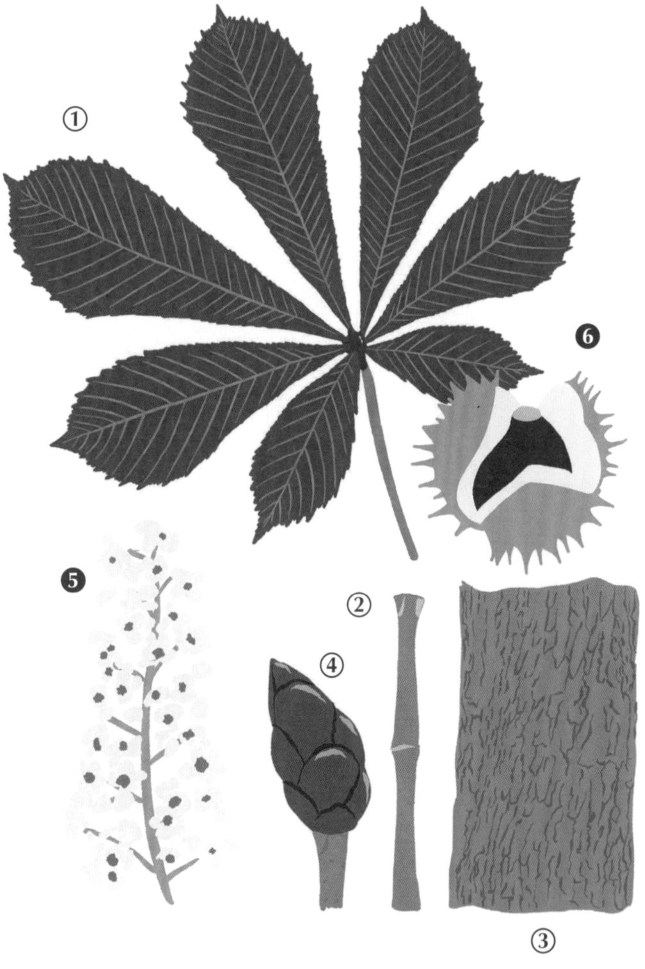

서양칠엽수의 긴 여정

유럽에 도착하기까지 서양칠엽수는 긴 여행을 했다. 1576년 콘스탄티노폴리스에서 식물학자 샤를 드 에클뤼즈Charles de L'Écluse가 신성로마제국 대사 폰 운그나드von Ungnad 남작에게서 서양칠엽수의 종자를 받았다. 1615년 무렵 프랑스 파리에 있는 수비즈 저택의 여러 안뜰 중 한 곳에 첫 서양칠엽수를 심었다.

Carpinus betulus

유럽서어나무

새내기 묘목업자들이 서어나무를 더 흔히 볼 수 있는 사촌 너도밤나무로 착각하는 바람에 서어나무가 시련을 겪기도 한다. 서어나무가 중토와 점토질 토양을 좋아하는 생명력이 강한 나무라면, 너도밤나무는 모래처럼 가벼운 토양을 좋아한다.

목: 참나무목 | **과:** 자작나무과 | **속:** 서어나무속 | **서어나무속의 수종:** 약 30종

어디에서 볼 수 있을까?

유럽서어나무가 좋아하지 않는 것이 있다면 바로 염분이다. 그것만 아니면 모든 토양에서 잘 자라고, 거센 바람과 도시 환경도 견딘다. 알프스산맥 해발 1,000미터까지의 지대에서 유럽서어나무가 발견된다. 영국을 포함한 유럽 전역의 정원과 공원에서 볼 수 있다.

평균 수령	성장 속도	형태
150~200년	비교적 느림 (20년 동안 10미터)	가지가 대체로 위로 쭉 올라가면서 여기저기 옆으로도 뻗어나가기 때문에 수관이 넓고 빽빽하다. 수피가 세로로 갈라지며 가지가 무수히 많아서 나무를 타고 오르기가 쉬울 것 같다는 인상을 준다.

① **잎:** 낙엽성 잎이다. 잎에 나란히맥이 많아서 쉽게 알아볼 수 있다. 가장자리에 이중 톱니가 있다. 가을이 되면 잎자루가 옅은 노란색이 된다.

② **잔가지:** 가늘고 구불구불하며 처음에 긴 털이 난다. 초록빛이 도는 갈색이다.

③ **수피와 목재:** 은색의 세로 반점이 있는 수피는 매끄럽고 얇다. 나이가 들면서 수피는 세로로 갈라지고 구불구불한 모양이 나타난다. 흰색부터 매우 옅은 노란색까지 색이 다양한 목재는 무겁고 재질이 균일하며 아주 단단하다. 보통 변재가 구분되지 않는다. 작업하기 힘든 목재지만 높은 화력을 가진 좋은 땔나무이다.

④ **눈:** 달걀 모양이고, 붉은 눈껍질로 싸여 있다. 눈껍질의 끝에 털이 나 있다.

⑤ **꽃:** 꼬리모양꽃차례로 피는 노란색 수꽃은 아래로 처져 자라고, 봄이 되면 길이가 길어진다. 꼬리모양꽃차례로 피는 암꽃의 모양은 더 가늘고 길며, 암술은 붉은색이다.

⑥ **열매:** 납작하고 작은 수과이며, 나뭇잎 모양의 큰 포가 있다.

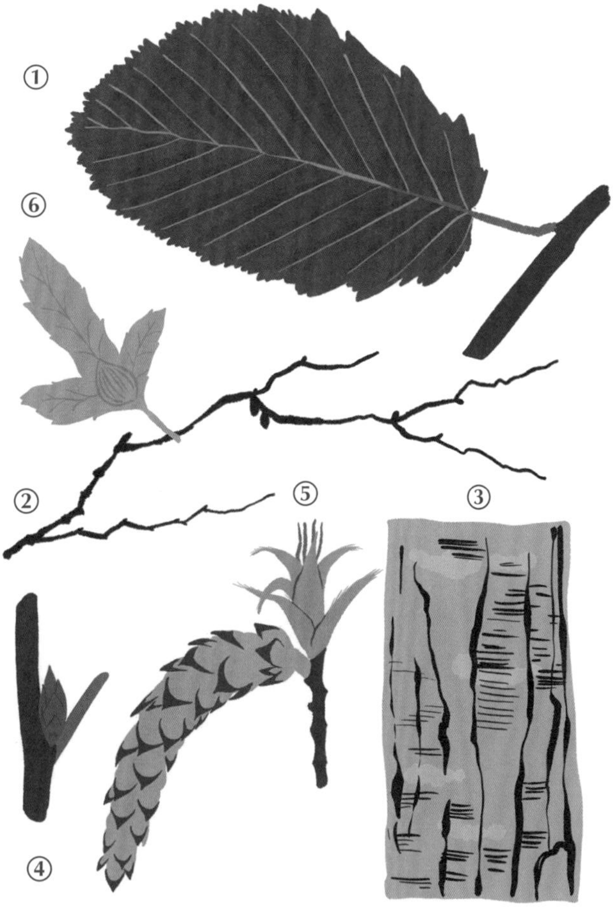

유럽서어나무의 목재처럼 단단하다

유럽서어나무는 프랑스식 정원에서 큰 사랑을 받고 있다. 게다가 '샤르밀charmille'이라는 용어는 나무를 마주 보게 심고 다듬어 터널처럼 만든 길을 의미하는데, 프랑스어로 유럽서어나무를 뜻하는 '샤르므charme'에서 왔다. 또한 유럽서어나무는 단단하고 튼튼해서 '강철 나무'로 불리기도 한다. 야금 공업이 확산되기 이전에 기계 운반대나 정육점의 작업대 또는 낙농장에서 사용되는 용구 등을 유럽서어나무로 만들었다. 정말 샤르망charmant하지(매력적이지) 않은가?

Castanea sativa

유럽밤나무

1950~1960년대부터 밤나무의 수가 감소하기 시작했다. 두 종류의 심각한 질병
(동고병이라고 부르기도 하는 밤나무줄기마름병과 특히 파이토프토라 캄피보라균에 의해 일어나는 잉크병)이
아메리카 대륙의 야생에 사는 많은 나무를 죽이고 재배지까지 덮쳤기 때문이다.

목: 참나무목 | **과:** 참나무과 | **속:** 밤나무속 | **밤나무속의 수종:** 약 12종

어디에서 볼 수 있을까?

온화하고 여름에 햇빛이 잘 드는 포도 재배지 기후를 좋아한다. 뿌리를 위해서 영양분이 풍부하고 약산성의 토양을 선호한다. 석회질 토양과 고여 있는 물을 그리 좋아하지 않는다. 도시 생활에 적응하며 참나무와 함께 있는 것을 좋아한다. 영국과 프랑스, 이탈리아, 독일, 스위스 등에서 볼 수 있다.

평균 수령	성장 속도	형태
20세기 이탈리아 시칠리아의 에트나 화산에 있는 유럽밤나무의 나이가 3,000년으로 추정되었다.	빠름 (10년마다 약 4미터)	빛을 잡아내는 잎들이 촘촘하게 자라면서 호리호리한 피라미드 모양을 이룬다.

❶ **잎**: 긴 타원처럼 생긴 피침 모양이다. 길이는 15~25센티미터, 폭은 6~8센티미터이다. 잎자루가 짧고, 가장자리에는 톱니가 있다. 윤이 나는 낙엽성 잎은 쉽게 알아볼 수 있다.

② **잔가지**: 회색이고 털과 끝눈이 없다.

③ **수피와 목재**: 은회색 수피는 처음에 매끄럽고 가로로 가느다란 줄이 생겼다가 이후 울퉁불퉁해진 수피가 서로 교차되면서 세로로 갈라지게 된다. 목재는 단단하고 결이 없으며 쉽게 쪼개진다. 오늘날에도 여전히 기둥과 버팀목을 제작하는 데 사용된다.

④ **눈**: 달걀 모양이고 와인 빛이 도는 갈색이다. 아주 가는 털로 덮여 있다.

⑤ **꽃**: 초여름이 되면 유럽밤나무는 길쭉한 꼬리모양꽃차례로 달리는 황토색 꽃들로 치장한다. 꽃은 아주 강한 꿀 향을 풍긴다.

⑥ **열매**: 가시가 곤두서 있는 밤송이 안에는 보통 밤 세 알이 들어 있다. 유럽에서는 가을 중턱에 밤을 수확한다.

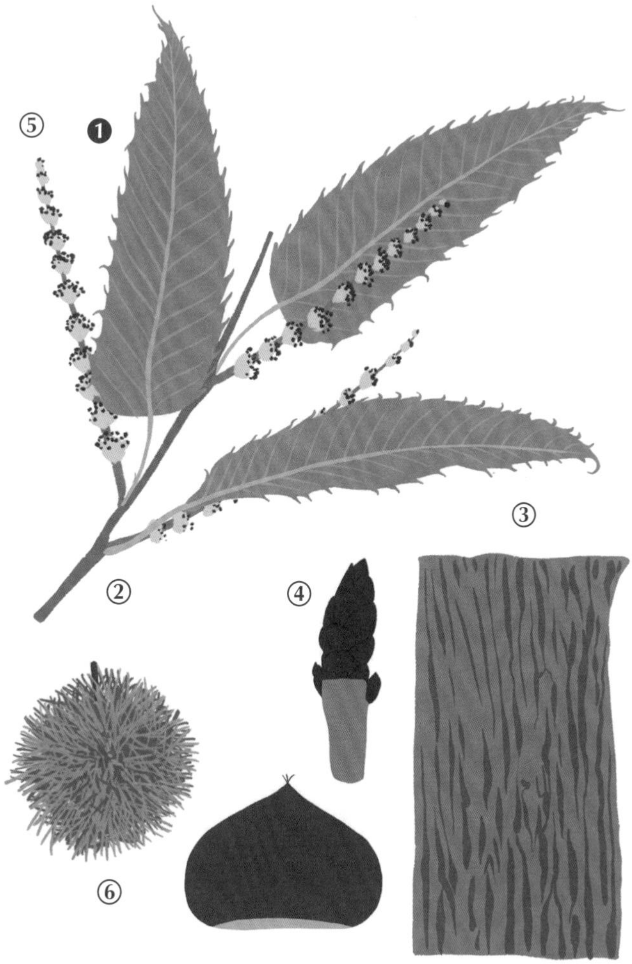

켈트족의 유산

오늘날 크리스마스 음식, 특히 칠면조 요리에 밤을 넣는데, 이는 오래전부터 내려오는 켈트족의 전통일 수도 있다. 실제로 켈트족은 유럽밤나무를 새해의 수호자로 여겼다. 당시 사람과 동물에게 밤이 한겨울을 나는 양식이었기 때문이다.

Celtis australis

남방팽나무

남방팽나무는 자연스레 가지가 세 갈래로 갈라진다. 올리브나무처럼 남방팽나무는 수 세기를 살아온 그루터기에서 혈기 왕성한 새순이 돋아나면서 다시 살아날 수 있다. 이렇게 그루터기로부터 나무의 생명이 지속되는 덕분에 같은 나무에서 계속 농기구를 만드는 데 필요한 재료를 얻을 수 있다. 특히 프랑스에서는 오랫동안 잡목림에 남방팽나무를 심어 채찍의 자루, 갈퀴, 기타 농기구를 만들기 적당한 크기까지만 길렀다.

목: 쐐기풀목 | **과:** 느릅나무과 | **속:** 팽나무속 | **팽나무속의 수종:** 70종

어디에서 볼 수 있을까?

강과 하천 인근, 히말라야산맥의 암석이 많은 경사지, 해발 2,500미터까지의 지대에서 볼 수 있는 남방팽나무는 더위 속에서도 잘 자라고, 바람으로부터 보호받을 수 있는 환경과 햇빛을 좋아한다. 거의 모든 토양에서 자라지만, 선택을 해야 한다면 산성이 아닌 토양을 선호할 것이다. 프랑스 남부, 이탈리아, 그리스, 스페인 남부, 알제리 북부 등에서 볼 수 있다.

평균 수령
1,000년

성장 속도
매우 느림
(20년 동안 3미터)

형태
크고 아름다운 나무로, 수관의 모양이 둥글고 줄기가 짧고 곧다.

① **잎**: 길고 뾰족하며 비대칭이다. 가장자리에는 불규칙한 모양의 톱니가 있다. 잎맥에 가는 털이 나 있다.

② **잔가지**: 짙은 갈색이며, 가늘고 윤이 난다.

③ **수피와 목재**: 수피는 회색이며 얇고 매끄럽다. 수피 위에 융기가 몇 개 보이기도 한다. 내구성이 좋고 잘 휘는 목재는 옛날에 일반 채찍 및 승마용 채찍의 자루를 만드는 데 사용되었다.

④ **눈**: 거의 납작하게 돋아나는 눈은 흰색 털로 덮여 있으며, 끝이 뾰족하다.

❺ **열매**: 남방팽나무의 열매는 식용이 가능하다. 보라색의 핵과이고 크기는 완두콩만 하다. 과육이 거의 없으며, 주름진 핵 하나가 있다.

꽃: 단성꽃 또는 양성꽃이다. 수술이 5개이다. 작은 공 모양의 씨방은 1개이며, 털로 덮인 암술머리 2개가 옆으로 쫙 펼쳐진 채 돌출되어 있다.

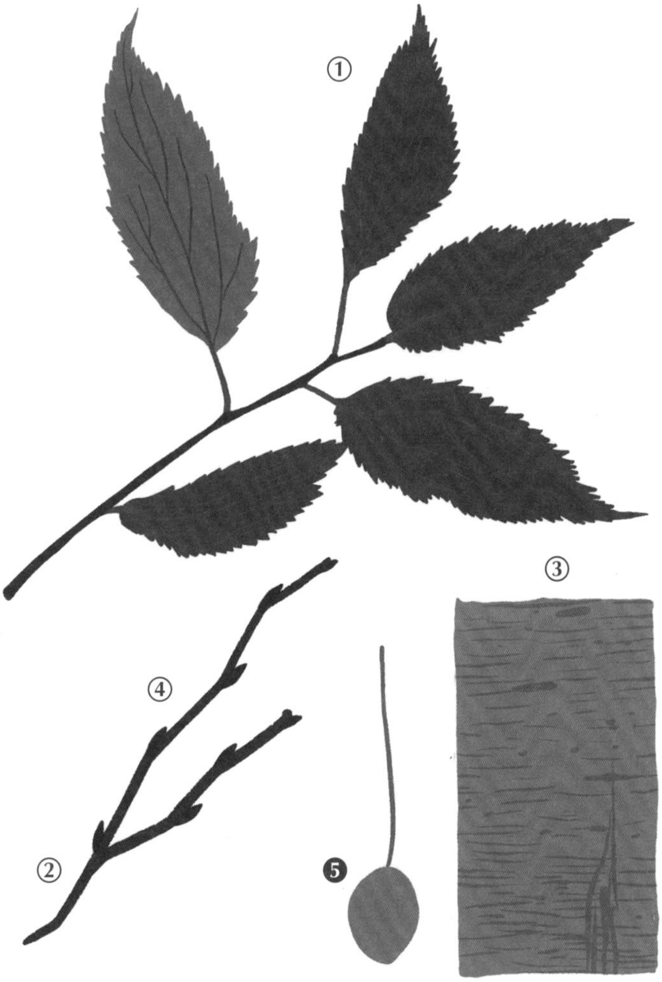

프랑스 작은 마을 소브의 유명한 채찍

프랑스 남부 가르주의 작은 마을 소브Sauve에서는 남방팽나무 채찍이 여전히 선조들이 사용했던 방식으로 만들어진다. 잎겨드랑이에 달린 3개의 눈은 잔가지 3개의 시작점이다. 그러면 눈에서 나오는 잔가지로 3개의 채찍 손잡이를 만드는 것이다. 이를 위해 나무를 조화롭게 재배해서 지름이 똑같은 잔가지를 얻는 것이 바로 소브 마을 사람들이 보유한 기술이다. 이러한 작업을 '레블라카쥬réblaquage'라고 부른다.

Cinnamomum camphora

녹나무

녹나무는 은행나무와 함께 일본 히로시마를 상징하는 나무이다. 1945년 히로시마에 원자 폭탄이 투하되었을 때 수많은 나무가 폭발 지점에 가까이 있었지만 살아남았다.

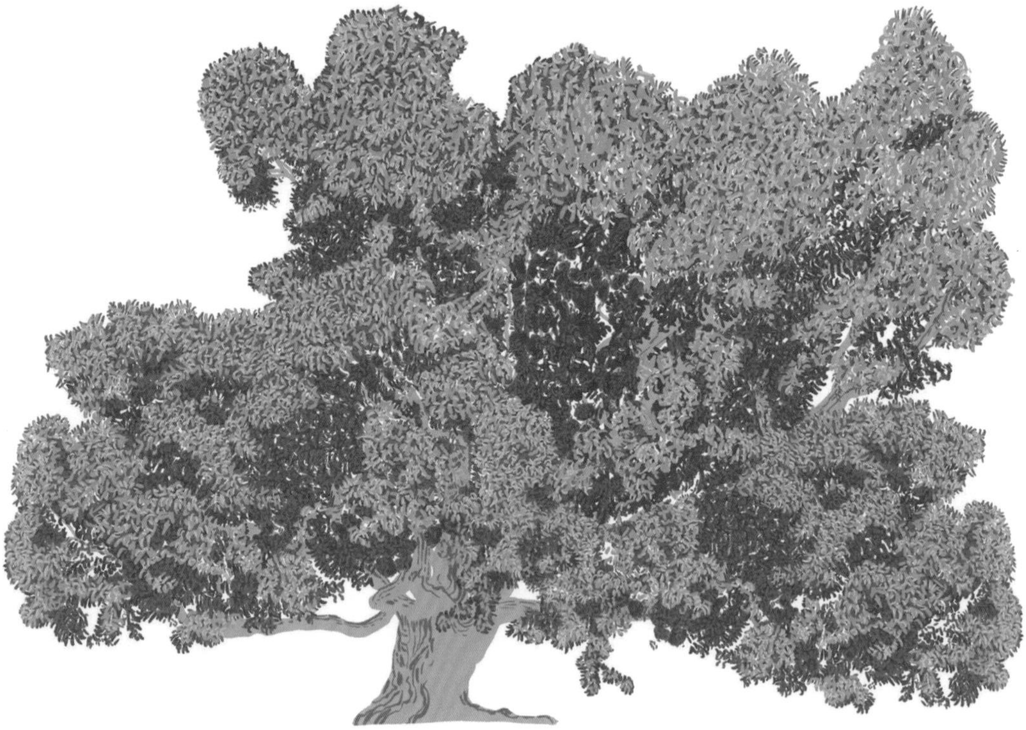

목: 미나리아재비목 | **과:** 녹나무과 | **속:** 녹나무속 | **녹나무속의 수종:** 200종

어디에서 볼 수 있을까?

아시아 열대 지역(인도, 말레이시아, 대만)이 원산지인 녹나무는 일본이나 미국 캘리포니아, 중국, 한국의 제주도, 지중해 연안 지역에서도 잘 재배된다. 녹나무는 햇빛이 많이 필요할 뿐만 아니라 물도 자주, 많이 주어야 한다.

평균 수령	성장 속도	형태
800년	빠름	40미터까지 자랄 수 있는 녹나무는 유럽에서 중간 높이의 나무에 속하지만 아시아에서는 키가 큰 나무이다. 녹나무는 보통 수직으로 곧게 자라는 편이고, 열매와 꽃이 맺힌 굵은 가지들이 나무 꼭대기를 넓게 이루고 있어서 쉽게 알아볼 수 있다.

① **잎:** 상록성이고 잎자루가 길며 가죽질이다. 달걀 모양의 잎은 광택이 있는 아름다운 초록색이고, 금색 또는 자주색 얼룩이 있다.

② **잔가지:** 매끄럽고 반들반들하다.

❸ **수피와 목재**: 수피는 은회색이고 가늘게 갈라진다. 녹나무의 목재를 증류해 장뇌라는 투명한 흰색의 신선한 향이 나는 방향 물질을 얻는다. 프랑스에서는 녹나무의 목재를 '부아 드 오bois de Hô'라고 부른다.

④ **눈:** 크고 달걀 모양이며 털이 있다. 회청색이 섞인 황록색이다.

⑤ **꽃:** 꽃송이가 듬성듬성 있는 총상꽃차례로 달리며, 꽃의 크기가 크다. 황백색이다.

⑥ **열매:** 핵과이다. 여러 개의 열매가 한데 묶여 나온다. 보라색이었던 열매가 성숙해지면 검은색으로 변한다.

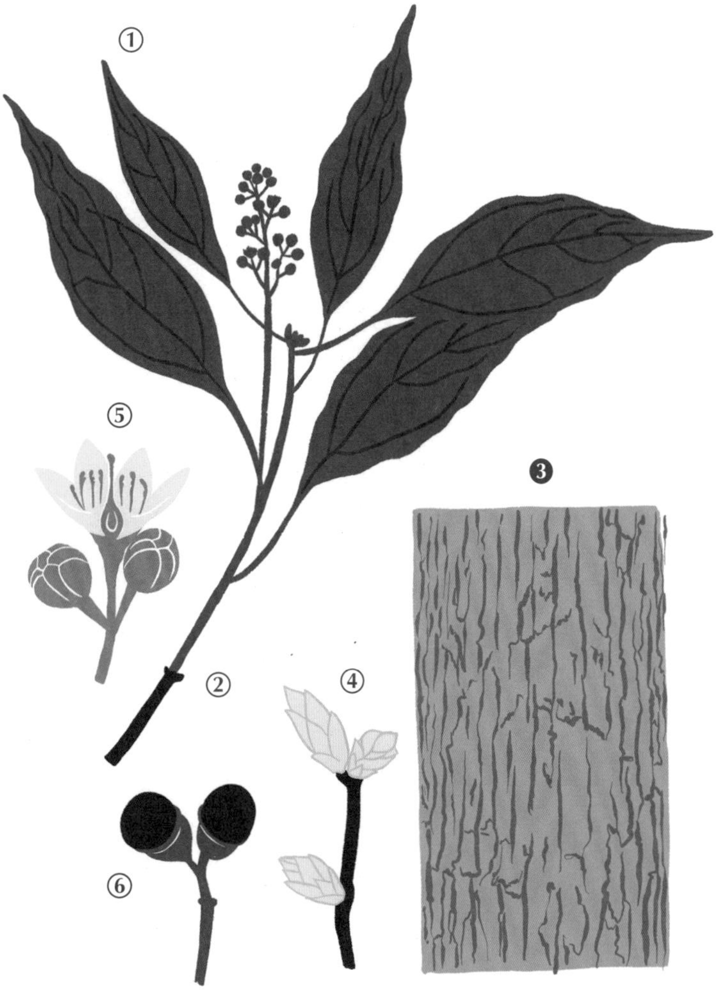

효능이 수천 가지인 장뇌

장뇌는 늙은 녹나무의 목재를 증류해 얻는다. 주로 셀룰로이드(플라스틱의 조상)를 만들기 위해서, 살충제로서, 또는 죽은 사람에게 행하는 이슬람교의 세정 의식에서 사용되었던 장뇌는 아주 오랜 옛날부터 쓰였다. 그 유명한 호랑이 연고의 주요 재료이기도 하다.

Fagus sylvatica

유럽너도밤나무

유럽너도밤나무의 재배종은 아주 많다. 가장 유명한 재배종은 유럽너도밤나무 푸르푸레아purpurea와 유럽너도밤나무 토르투오사tortuosa이다. 유럽너도밤나무 푸르푸레아는 1680년 무렵 독일 한라이터Hanleiter 숲에서 발견되었다. 유럽너도밤나무 토르투오사는 줄기와 가지가 만화에 나오는 배관망처럼 지그재그형의 꼬불꼬불한 모습으로 유명하다. 그래서 'tortuosa'(라틴어로 '뒤틀리다', '꼬불꼬불하다'라는 의미 — 옮긴이)라는 이름이 붙여진 것이다!

목: 참나무목 | **과:** 참나무과 | **속:** 너도밤나무속 | **너도밤나무속의 수종:** 10종

어디에서 볼 수 있을까?

환경에 잘 적응하는 유럽너도밤나무는 햇빛이나 응달뿐만 아니라 산성 토양이나 점토질 토양에도 잘 맞춰가며 자란다. 추위를 견디지만 늦서리, 무더위는 힘들어한다. 스웨덴 남부에서 시칠리아 북부, 프랑스와 영국 남부, 포르투갈 북부, 스페인 중부, 튀르키예 북서쪽에서 볼 수 있다. 튀르키예 동쪽으로는 동양너도밤나무를 볼 수 있다. 발칸반도에서는 동·서양 너도 밤나무가 혼재되어 있다

평균 수령
500년까지

성장 속도
비교적 느림
(15년 동안 7.5미터)

형태
유럽너도밤나무는 키가 크며(40미터까지 자란다) 수관이 잎으로 빽빽하고 넓고 높아 분위기를 압도한다. 밑줄기는 곧고 폭이 제법 넓으며, 큰 가지들은 가늘고 길다.

① **잎:** 짙은 초록색이 아름다운 잎은 크기가 작다(길이 5~10센티미터). 가장자리에 톱니가 없고, 잎맥이 발달했다. 잎의 아랫부분이 둥글다. 가을이 되면 잎은 금빛을 띤다.

② **잔가지:** 구불구불하고 가늘며 회색이다.

③ **수피와 목재:** 수피는 은회색이고 매끄러운 편이다. 목재를 자르면 흰색이나 시간이 흐르면서 분홍색으로 변한다. 무겁고 단단한 목재는 오랫동안 철도의 침목를 만드는 데 사용되었다. 훌륭한 연료이기도 하다.

④ **눈:** 가죽질의 눈껍질이 눈을 감싸고, 적갈색 눈은 길고 뾰족해 특징이 매우 뚜렷하다.

⑤ **꽃:** 꼬리모양꽃차례로 피는 수꽃은 긴 꽃자루 끝에 달려 있다. 꼬리모양꽃차례로 달리는 암꽃은 2개씩 묶여 잔가지에 곧게 서 있다. 암꽃의 총포에는 끝이 말랑말랑한 포들이 여러 갈래로 곤두서 있다.

⑥ **열매:** 유럽너도밤나무의 열매는 개암 정도의 크기이며 피라미드 형태이다. 적갈색 털이 곤두서 있다. 때가 되면 각두가 열리면서 딱딱한 열매 2개가 떨어져 나온다. 식용이 가능한 유럽너도밤나무의 열매는 멧돼지와 설치류 동물에게 인기가 많다.

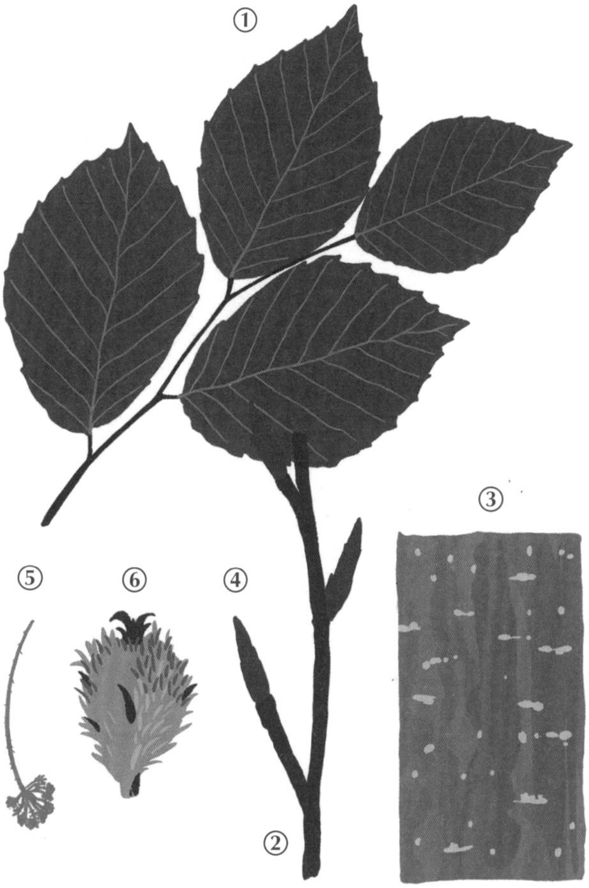

수상한 나무들

과거 사람들은 유럽너도밤나무 푸르푸레아(잎의 색이 어두운 빨강이다 — 옮긴이)의 모습이 유혈 범죄에 대해 자연이 보내는 경고라고 여겨 무서워했다. 유럽너도밤나무 토르투오사의 경우 돌연변이 같은 모습(줄기의 구불구불한 모습 등 — 옮긴이)이 방사성 운석 때문이라고 생각하는 사람들도 있다.

Ficus carica

무화과나무

무화과나무만큼 예찬을 받는 나무도 드물다. 고대 로마 신화에서 로물루스와 레무스는 무화과나무 그늘 아래에서 늑대의 젖을 먹었다. 그때부터 로마에서 무화과나무를 숭상했고, 무화과나무가 위험에 처하면 나쁜 징조로 여겼다. 모유와 무화과나무의 유액을 의미하는 라틴어 'rumis(루미스)'에서 이름을 따온 마을도 있다.

목: 쐐기풀목 | **과:** 뽕나무과 | **속:** 무화과나무속 | **무화과나무속의 수종:** 약 600종

어디에서 볼 수 있을까?

무화과나무는 더위와 햇빛을 좋아한다. 포도가 재배되는 기후에서만 열매를 맺는다. 무기물과 석회질이 풍부하며 배수가 잘 되는 토양을 필요로 한다. 튀르키예와 중동 지역에서 많이 볼 수 있다.

평균 수령	성장 속도	형태
300년	빠름 (잎이 커서 성장 속도가 더 빠르게 느껴진다.)	열매를 일정한 크기로 재배하지 않아도 되는 상황이라면 무화과나무는 옆으로 퍼져 자라는데, 주로 나무가 원하는 방향으로 기울어진다. 아주 높이 자라지는 않으며, 수관 아래로 짙은 그늘이 만들어진다.

① **잎**: 뚜렷한 특징이 있는 잎이다. 넌자 거북이의 발을 닮은 잎은 낙엽성이고 가죽질이다. 잎이 갈라지고, 잎에서 멘톨 향이 난다. 길이 30센티미터까지 무난히 자란다.

② **잔가지**: 두껍고 구불구불하다. 회색빛이 도는 초록색이다.

③ **수피와 목재**: 코끼리 피부처럼 생긴 회색의 수피이다. 목재는 희고 무르며, 땔나무나 수공예 재료로도 사용되지 않을 정도로 특별한 용도가 하나도 없다.

④ **눈**: 초록색과 노란색이 섞인 눈은 뾰족하고 길이가 15센티미터 정도이다.

⑤ **꽃**: 다양한 무화과나무 재배종은 암꽃만 핀다. 암꽃은 육질의 작은 주머니(화낭) 안에서 발달하고(은두꽃차례), 나중에 부풀면서 무화과 열매가 된다. 꽃가루받이는 아주 작은 말벌처럼 생긴 곤충 블라스토파가에 의해 이루어진다.

❻ **열매**: 열매가 무르익으면 초록색에서 자주색으로 바뀐다. 나이가 많은 나무는 봄에, 어린나무는 가을에 열매가 익어 수확한다.

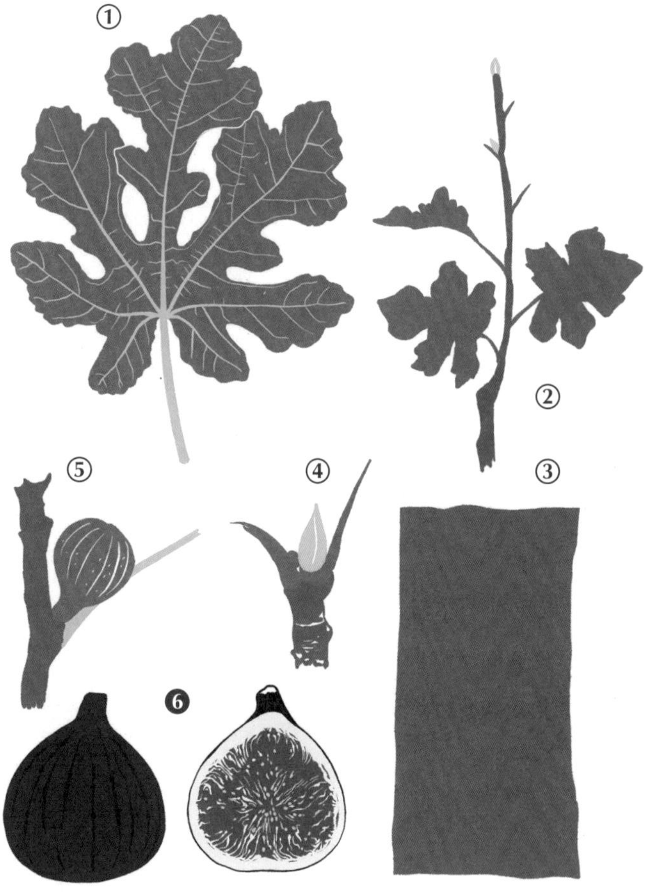

사과나무가 아닌 무화과나무?

무화과나무는 성경에서 첫 번째로 언급되는 나무이다. 게다가 원죄의 나무는 사과나무가 아닌 무화과나무일지도 모른다. 무화과나무는 성性을 상징하는 대표적인 나무이다. 무화과는 고환처럼 생겼고 열매를 열어보면 여성의 성기와 닮았다는 이유에서이다. 게다가 무화과는 열매가 아닌 일종의 자궁이나 다름없다. 또 다른 이유는 잔가지를 꺾으면 흘러나오는 유액이 정액을 떠올리게 하기 때문이라고 한다.

Fraxinus excelsior

구주물푸레나무

많은 사람들, 특히 북유럽 사람들에게 구주물푸레나무는 오랫동안 경이로운 힘을 가진 마법의 나무였다. 아마도 구주물푸레나무가 뱀이 다가오지 못하게 막아주는 데다가 뱀에게 물린 상처를 치료할 수 있다고 생각했던 고대 그리스·로마 문명의 영향을 받은 풍습으로 추정된다.

목: 용담목 | **과:** 물푸레나무과 | **속:** 물푸레나무속 | **물푸레나무속의 수종:** 약 60종

어디에서 볼 수 있을까?

주로 사시나무, 오리나무, 버드나무와 함께 있는 구주물푸레나무는 습하고 서늘하며 공기가 잘 통하는 토양을 좋아한다. 공기 오염과 수질에 민감하다. 유럽과 소아시아 곳곳, 그리고 해발 1,400미터까지의 지대에서 발견된다.

평균 수령	성장 속도	형태
100년	꽤 빠름 (20년 동안 10미터)	가지가 듬성듬성 자라고 줄기가 곧은 구주물푸레나무는 큰 나무로 하천 근처, 길가 곳곳에서 자라며, 산울타리로 사용된다.

① **잎:** 잎자루가 없는 작은 잎 5~7쌍으로 된 겹잎(복엽)이며, 끝부분에 잎이 1개 달려 있다. 가장자리에는 톱니가 있다. 잎의 앞면은 털이 거의 없고 짙은 초록색이다.

② **잔가지:** 회녹색이며 껍질눈이 잘 보인다.

③ **수피와 목재:** 수피는 연회색이고 가늘게 갈라진다. 흰색 목재는 무겁고 단단하며 내구성이 매우 좋다. 고급 가구재로 사용되는 아주 귀한 목재 중 하나이다.

❹ **눈:** 특징이 뚜렷하다. 마주나기로 돋아나며, 촉감이 부드럽고, 검은색이다.

⑤ **열매:** 납작한 시과이다. 콩이 없는 잠두콩처럼 생겼다. 초록색에서 주황빛을 띠는 베이지색으로 바뀐다.

꽃: 수꽃이었다가 암꽃이었다가 양성꽃도 된다(단성화와 양성화가 함께 있는 잡성화이다 — 옮긴이). 구주물푸레나무의 꽃은 꽃잎과 꽃받침이 없으며, 잔가지의 끝에 작은 공 모양으로 뭉쳐난다.

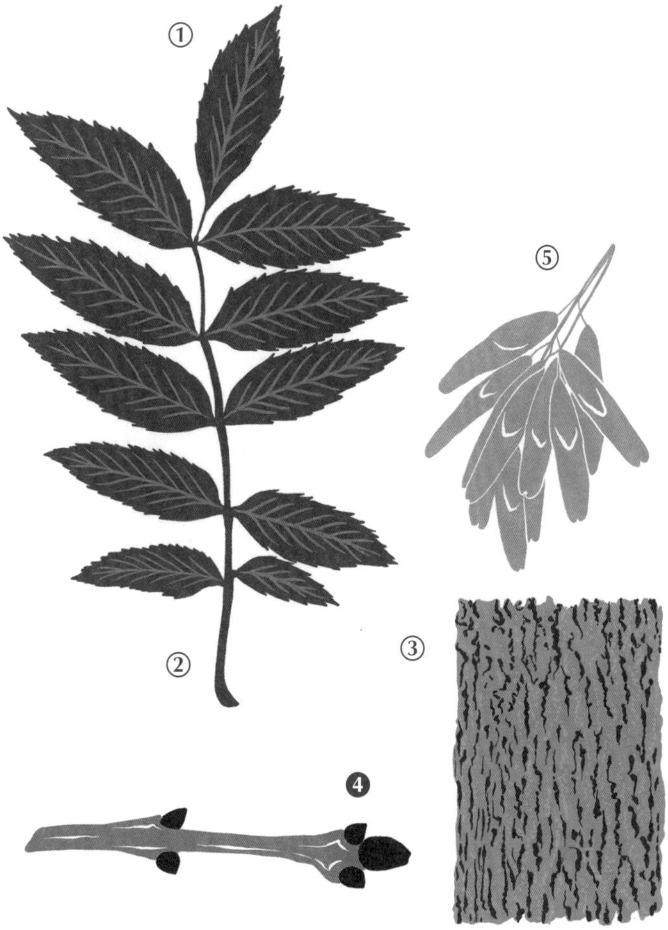

북유럽 신화 속으로

북유럽 신화의 세계에서 최소 아홉 개의 왕국을 연결하는 나무 위그드라실Yggdrasil은 구주물푸레나무이다. 여러 모습으로 변신하는 신, 오딘은 상처를 입은 채 구주물푸레나무의 가지에 매달려 9일 밤낮을 보내다가 룬 문자의 의미를 발견했다는 이야기가 전해져 내려온다.

Ginkgo biloba

은행나무
또는 40에큐짜리 나무

찰스 다윈이 '살아 있는 화석'이라고 평가했던 은행나무는 세계 유일무이한 나무이다. 원시 상태에서 진화가 멈춘 은행나무는 은행나무속에 속하는 유일한 종으로 1억 6,000만 년 전부터 살아온 나무이다. 공룡과 동시대를 살았던 것이다! 아마도 은행나무가 무탈할 수 있었던 것은 은행나무를 신성한 나무로 여겨 절 주변에 심고 키웠던 불교 승려들의 보살핌 덕분일지도 모른다.

가을 잎

목: 은행나무목 | **과:** 은행나무과 | **속:** 은행나무속 | **은행나무속의 수종:** 1종

어디에서 볼 수 있을까?

은행나무는 무더위를 견디고 도시의 공해 속에서도 버틴다. 영양분이 풍부하고 토심이 깊으며 산성을 띠는 토양을 좋아하고, 과도한 습도와 염분을 싫어한다. 관상용 나무로 쓰이는 화려하면서도 고독한 은행나무는 금빛 잎들로 가을을 밝힌다.

평균 수령	성장 속도	형태
2,000년	느림 (특히 초년기 10년은 성장이 느리다.)	땅에 단단히 박혀 있는 듯한 곧은 줄기와 들쭉날쭉하고 방향이 바뀌기도 하는 가지들이 만드는 은행나무의 수관은 웅장한 인상을 준다. 흔히 높이 30미터까지 자란다.

❶ **잎:** 특징이 뚜렷하다. 긴 잎자루의 끝에 달린 잎은 두 갈래로 갈라져 작은 부채 모양이다. 짧은 잔가지에 잎이 4~7장씩 모여난다. 가을이 되면 은행나무의 잎은 빛을 받아 화려한 금빛을 띤다.

② **잔가지:** 윤이 나고 옅은 회색이다.

③ **수피와 목재:** 수피는 회백색이고 세로로 갈라진다. 매우 오래된 나무의 경우 수피에 유주乳柱가 발달되어 있다. 목재는 색이 연하고 나무의 결이 살짝 보이며, 썩지 않는 목재로 유명하다. 아시아에서 종교 관련 물품을 만들 때 은행나무 목재를 많이 사용한다.

④ **눈:** 초록색과 붉은색이 섞인 눈은 창날처럼 납작하고 뾰족하다.

⑤ **꽃:** 잔가지의 끝에 잎이 돋아남과 동시에 꽃이 개화한다. 수꽃은 오래되어 초록색으로 변한 은방울꽃처럼 생겼다. 암꽃은 완두콩 크기로 꽃자루의 끝에서 단독으로 돋아나며, 도톰한 주름이 컵의 형태로 꽃의 아랫부분을 받치고 있다.

⑥ **열매:** 노란색 작은 자두처럼 생긴 은행나무의 열매는 빨리 떨어지고 냄새가 아주 고약하다. 흰색 씨는 구워서 먹는데, 중국에서 인기가 아주 많다.

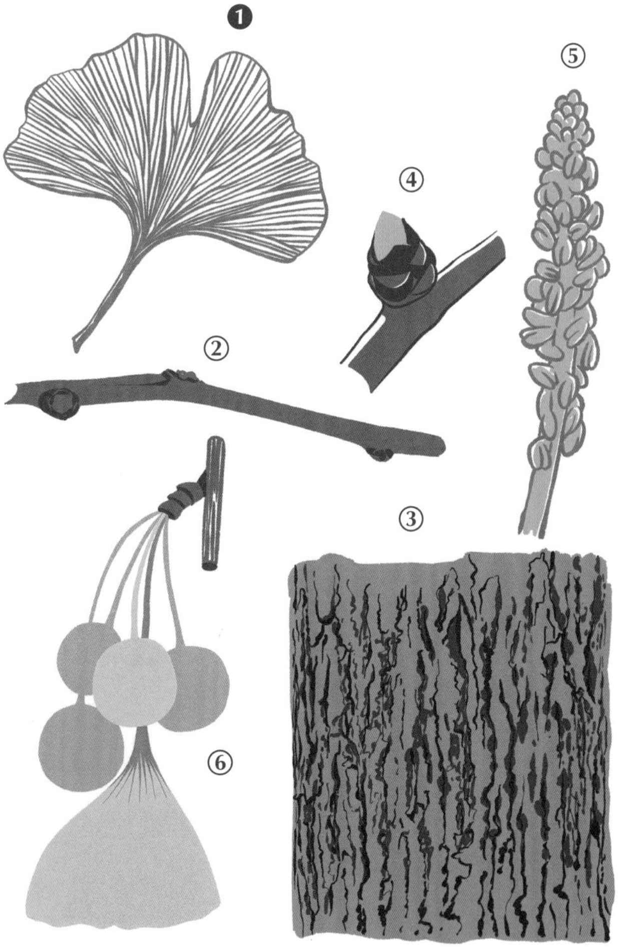

비싼 나무

일본의 히로시마에 원자 폭탄이 투하될 당시 살아남아 사람들이 신성하게 여기는 은행나무를 프랑스에서는 '40에큐짜리 나무'로 부른다. 1778년 어느 영국인으로부터 첫 번째 은행나무를 프랑스로 들여온 페티니M. de Pétigny라는 사람이 이 별명을 붙였다. 당시 이 나무를 수입하기 위해서 40에큐écu(당시 가치로는 엄청나게 비싼 가격)를 지불했기 때문이다.

Morus alba

뽕나무

누에를 기르는 양잠업에서는 잎을 수월하게 수확하기 위해 뽕나무를 주로 울타리처럼 심어 재배한다. 우리가 뽕나무를 가만히 내버려 두면 관목 형태로 자라 매력적인 작은 나무가 된다.

가을 잎

목: 쐐기풀목 | **과:** 뽕나무과 | **속:** 뽕나무속 | **뽕나무속의 수종:** 약 12종

어디에서 볼 수 있을까?

중국과 한국, 그리고 석회질 토양에서 자연스럽게 뽕나무를 볼 수 있다. 뽕나무는 더위 속에서도 잘 자라고, 바람으로부터 보호받을 수 있는 환경을 좋아한다. 어린나무일 때에는 추위에 아주 민감하다.

평균 수령	성장 속도	형태
500년	매우 느림 (20년 동안 4미터)	키가 작다(높이가 10미터를 거의 넘지 않는다). 가늘고 잘 휘는 가지들이 활짝 펼쳐진 모양의 수관을 이룬다.

❶ **잎**: 윤이 나며, 꽤 유연하다. 잎의 가장자리에 불규칙한 모양의 굵은 톱니가 발달했다. 가을이 되면 뽕나무 잎은 금빛으로 치장한다. 오랫동안 뽕나무 잎은 누에의 먹이로 쓰이고 있다.

② **잔가지**: 회색이며 매끄럽다.

③ **수피와 목재**: 수피는 섬유질이고, 갈라지며, 무광 연회색이다. 변재는 흰색이고 밀도가 높다. 뽕나무의 목재는 아주 단단하고 내수성이 강하다.

④ **눈**: 작고 뾰족하다.

⑤ **꽃**: 꼬리모양꽃차례로 달리는 수꽃은 4장의 꽃받침이 십자로 놓여 있고, 4개의 수술이 있다. 꼬리모양꽃차례로 달리는 암꽃은 이삭 모양으로(암꽃이삭) 매우 촘촘하게 한데 모여 핀다. 암술에는 기다란 암술머리가 2개 있다.

⑥ **열매**: 열매인 오디는 원기둥 모양이고 흰색, 분홍색, 자주색이다. 열매꼭지가 길며 과육이 많다. 단맛이 풍부해 생과를 그대로 먹거나 술을 담가 먹는다.

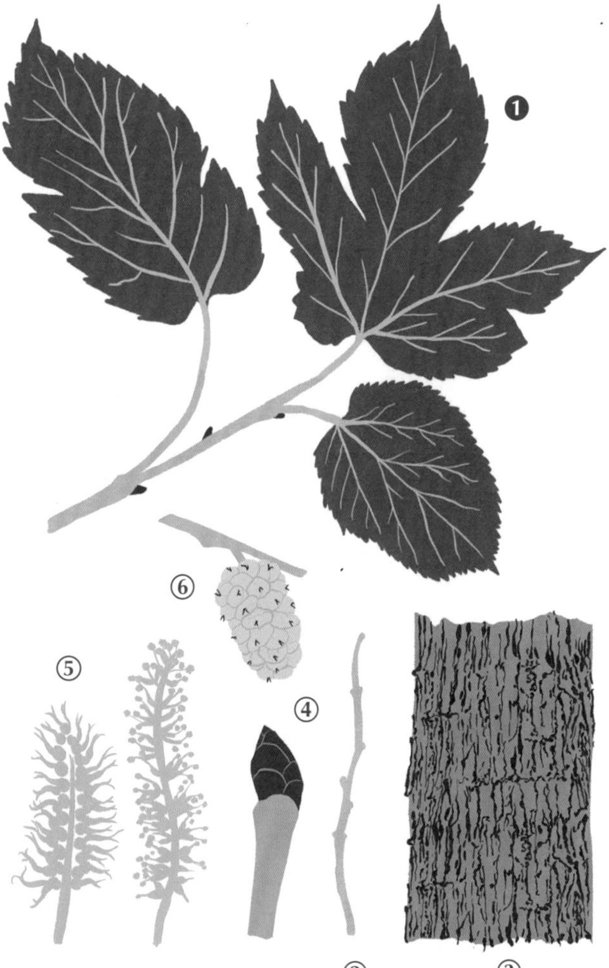

양잠업의 탄생

기원전 2700년 무렵 황비 누조가 뽕나무의 잎을 먹는 누에를 관찰한 뒤 뽕나무를 재배하게 했다고 한다. 이후 뽕나무는 오랫동안 중국의 전유물이었다. 555년, 유럽에 양잠업을 보급하기 위해서 두 명의 선교사가 콘스탄티노폴리스에 누에나방의 알을 가져왔다.

Olea europaea

올리브나무

평화와 신의 선물을 상징하는 올리브나무는 항상 사람들의 마음속에 한자리를 차지하고 있다. 성경에서 비둘기 한 마리가 노아의 방주에 올리브나무의 잔가지 하나를 물고 와 대홍수가 끝났음을 알렸다. 올림픽 경기에서 승자들은 올리브나무의 가지로 만든 왕관을 썼다. 코란에서 올리브나무는 보편적인 인간의 상징으로, 축복받은 나무이다. 유엔기에도 올리브나무가 있으며, 아카데미프랑세즈 회원이 입는 옷에도 올리브나무의 잔가지가 수놓아져 있다.

목: 용담목 | **과:** 물푸레나무과 | **속:** 올리브나무속 | **올리브나무속의 수종:** 약 30종

어디에서 볼 수 있을까?

햇빛, 햇빛 또 햇빛! 올리브나무는 돌이 많은 토양이든 석회질 토양이든 상관없이 지중해 연안 곳곳에서 자란다. 더운 날씨에도 잘 자라며 이탈리아, 스페인, 그리스 , 프랑스, 튀니지에서 많이 볼 수 있다.

평균 수령	성장 속도	형태
2,000년. 가끔 이보다 더 오래 사는 나무도 있다.	매우 느림	높이가 낮고(최대 높이가 15미터) 단단하고 생명력이 무척 강해 보인다. 땅속에 '뿌리가 잘 고정된' 나무이다.

❶ **잎**: 가죽질이고 잎자루가 짧으며 잎몸은 피침 모양이다. 짙은 초록색인 잎의 앞면에는 잎맥이 한가운데를 가로지른다. 잎의 뒷면은 회백색이다. 상록성 잎은 특히 바람이 불 때 더 멋진 모습을 보여준다.

② **잔가지**: 은빛이 나며 원기둥 모양에 가깝다.

③ **수피와 목재**: 매끄럽고 거의 흰색에 가까운 수피는 점차 회색으로 변한다. 나이가 많은 수피는 깊이 갈라지고 떨어진다. 짙은 베이지색 목재는 매우 단단하고 재질이 균일하며 밀도가 아주 높다. 고급 가구재로 많이 찾는다.

④ **눈**: 크기가 작고 초록색이다.

⑤ **꽃**: 흰색이며 향기가 난다. 잎들 사이에 작은 꽃들이 무리 지어 모여 있다. 서로 분리되어 있는 4장의 꽃잎이 꽃받침을 이룬다. 수술은 2개이다.

❻ **열매**: 열매인 올리브는 달걀 모양의 핵과이며, 재배종에 따라 초록색부터 검은색까지 색과 형태가 다양하다. 올리브를 처음 압착해서 얻은 오일을 '엑스트라 버진 올리브 오일'이라고 하는데, 올리브 오일 중 단연 최고이다!

반 고흐와 올리브나무

1889~1890년 프랑스 남부 생레미드프로방스의 요양소에 머무르는 동안 빈센트 반 고흐는 올리브나무에 매료되었다. "올리브나무는 아주 많은 특징이 있어. 나는 그걸 잡아내려고 고군분투하고 있네. 올리브나무는 바랜 은색이고, 가끔은 파랑색, 때로는 초록색, 청동색을 띠고 있어…. 아마도 언젠가는 해바라기의 노란색처럼 나만의 색에 도달하게 될 걸세."

Platanus acerifolia

단풍버즘나무

또는 플라타너스

나폴레옹 1세는 전쟁터로 이동하던 자신의 군대를 햇빛으로부터 보호하기 위해서 프랑스에 놓인 큰길을 따라 단풍버즘나무를 심으라는 명령을 내렸다. 오늘날에도 여전히 프랑스 남부 지방에서는 도심의 광장과 큰길가에 그늘을 만들기 위해서 단풍버즘나무를 심는다.

목: 장미목 | **과:** 버즘나무과 | **속:** 버즘나무속 | **버즘나무속의 수종:** 6종 또는 7종

어디에서 볼 수 있을까?

자연 속 호수와 강을 따라 단풍버즘나무를 만날 수 있다. 단풍버즘나무는 새침데기처럼 까다롭지 않고, 보다 건조한 토양에서도 잘 적응한다. 게다가 도시 공해와 무더위도 잘 견딘다. 유럽의 런던, 파리 등의 도시에서 가로수로 많이 볼 수 있다.

평균 수령
수백 년

성장 속도
빠름
(20년 동안 12미터)

형태
도시 환경에 강한 나무의 전형이다. 수관이 넓고, 줄기는 높고 튼튼하며, 긴 가지는 가늘고 짧은 잔가지는 구불구불해서 멀리서도 단풍버즘나무를 알아볼 수 있다.

① **잎:** 길이는 12~25센티미터이다. 큰 손바닥 모양의 잎은 3개의 주맥 주위에 5~7개의 갈래로 깊게 갈라진다. 잎의 뒷면은 털을 짧게 깎은 산양 샤무아의 가죽과 비슷하다. 포도 잎처럼 생겼다.

② **잔가지:** 회색이며 끝눈이 없다.

❸ **수피와 목재**: 숨기는 것이 없다. 수피가 세월이 흐르면서 벗겨져 그 아래 숨어 있던 흰색의 큰 조각이 드러나기 때문이다. 나이가 들면서 줄기에 굵은 혹이 생긴다. 분홍빛을 띠는 베이지색 목재는 단단하고 무겁다. 가끔 목공에 사용되지만 주로 땔나무로 쓰인다.

④ **눈:** 눈껍질이 1개이다. 원뿔 모양의 눈은 잎자루 사이 또는 겨울 동안 잎이 떨어져 나가고 남은 잎자국 주위에 숨어 있다.

⑤ **꽃:** 털이 곤두서 있는 공 모양의 꽃이다. 두상꽃차례(머리모양꽃차례)로 달린다. 긴 꽃자루의 끝에 쌍으로 돋아나며 봄에 핀다.

⑥ **열매:** 수과이다. 작은 깃털처럼 생긴 솜털로 둘러싸여 바람을 타고 잘 퍼진다.

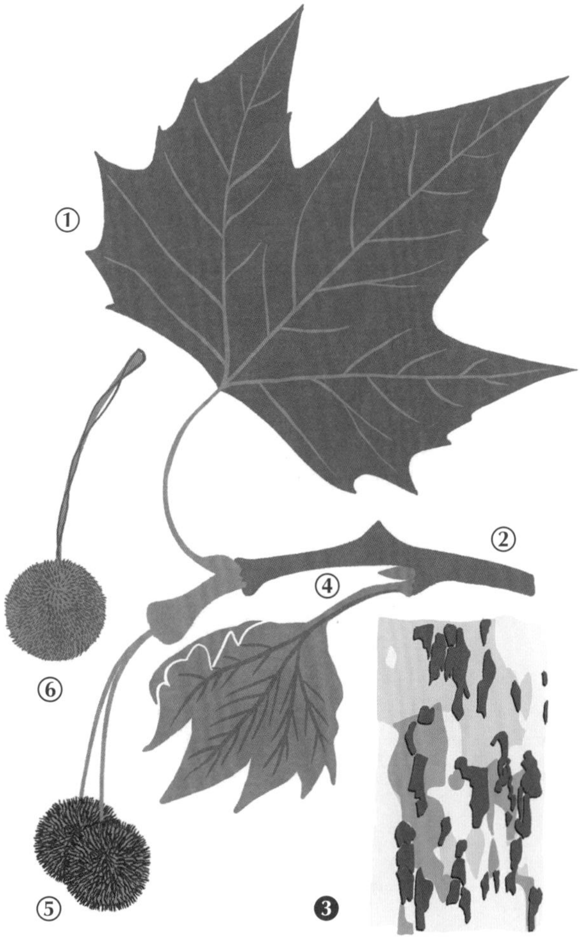

선천적 착시 현상

단풍버즘나무의 줄기에 원인 모를 굵은 멍울이 포자처럼 생겨나타나는 경우가 종종 있다. 단풍버즘나무는 수피에 혹이 있어서 [그 울퉁불퉁한 모습 때문에] 파레이돌리아pareidolia를 떠올리기에 딱 맞는 나무이다. 참고로 파레이돌리아는 [구름이나 타일 등] 자연 현상 및 물건을 보고 우리에게 익숙한 모습들을 발견하게 되는 일종의 착시 현상이다.

Populus alba

은백양

은백양은 '군생하는' 나무이다. 그래서 은백양의 라틴어 속명 '*Populus*(포풀루스)'는 프랑스어 'populace(포풀라스)' ('하층민'을 뜻하며, 'popul-'은 민중, 군중을 의미한다 — 옮긴이)와 어원이 같은 것으로 추정된다. 한편 고대 로마의 시인 호라티우스는 아테네 사회에서 모임 장소인 아고라의 가장자리에 은백양을 심어 시민들에게 그늘을 제공하자는 의견을 시로 표현하기도 했다.

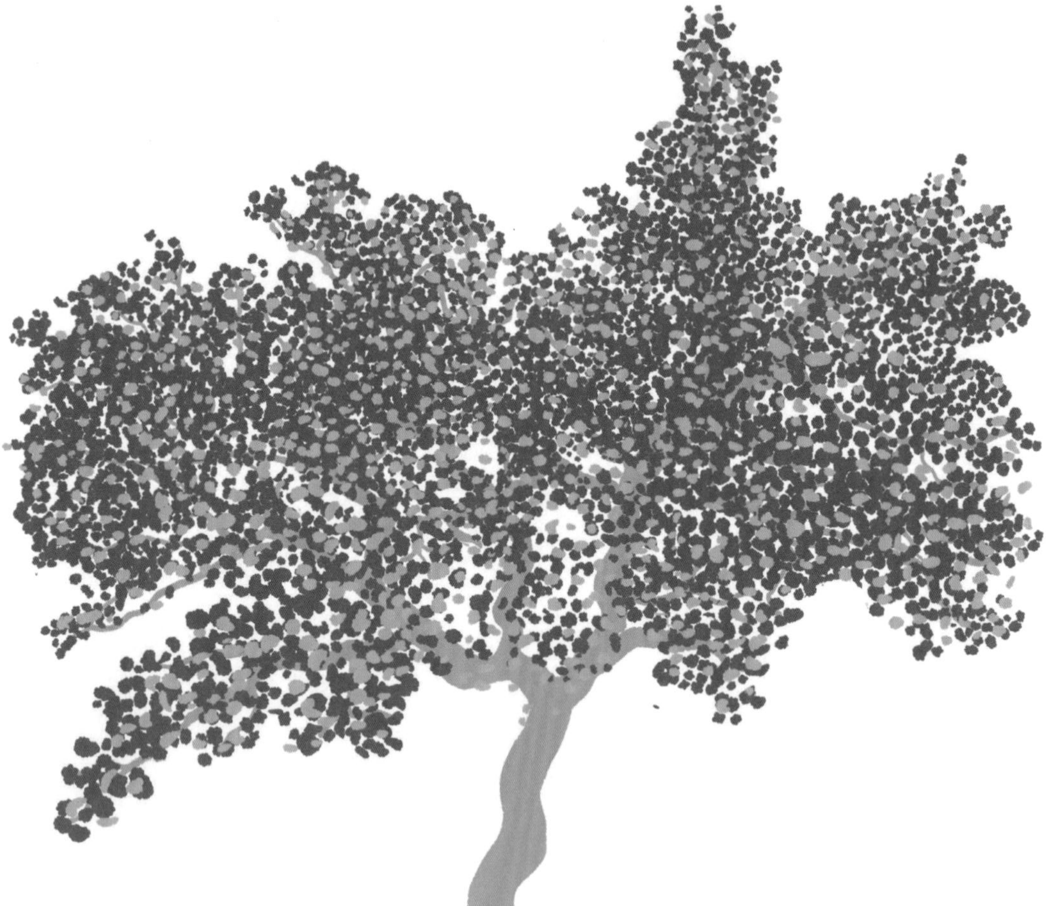

목: 버드나무목 | **과:** 버드나무과 | **속:** 사시나무속 | **사시나무속의 수종:** 35종

어디에서 볼 수 있을까?

환경에 적응을 잘하는 은백양은 도시의 공해를 견딘다. 최적의 환경이 아닌 경우 관목으로 자란다. 그래도 영양분이 풍부하고 습한 토양에서 햇빛을 받으며 자라는 환경이 이상적인 조건이다. 중부 유럽과 아시아 중부에서 많이 볼 수 있다.

평균 수령
100년

성장 속도
꽤 빠름
(20년 동안 약 15미터)

형태
시골에서 만나는 나무 중에서 가장 하얗다. 높게 자라지만, 곧지 않다. 가지가 자기 마음대로 뻗어 자란다. 뿌리순(흡지)이 많이 올라온다.

① **잎:** 돋아나는 잎에 솜털이 난다. 잎의 뒷면에는 항상 솜털이 있다. 어린나무의 잎은 가장자리에 톱니가 발달하고, 작은 심장 모양이다. 나이가 들면서 잎(길이 6~12센티미터)은 깊게 갈라지고 약간 삼각 모양으로 바뀐다.

② **잔가지:** 매우 하얗다.

③ **수피와 목재:** 수피는 오랫동안 흰색이 얼룩덜룩 섞인 회색이며 거의 완벽하게 매끄럽다. 나이가 들면서 줄기가 까매진다. 목재는 노란빛을 띠는 흰색이며 매우 가볍지만 옹이가 아주 많다. 포장재 등 산업용 목재로 쓰인다.

④ **눈:** 단단해 보이고, 양털 같은 흰색 털로 덮여 있다.

⑤ **꽃:** 꼬리모양꽃차례로 촘촘하게 달리는 자주색 수꽃은 긴 타원형이며, 톱니가 발달된 비늘 조각에 싸여 있고, 베이지색 솜털이 있다. 꼬리모양꽃차례로 달리는 암꽃은 가늘고 길며, 노란빛을 띤다.

열매: 삭과이다. 달걀 모양이고 털이 없다.

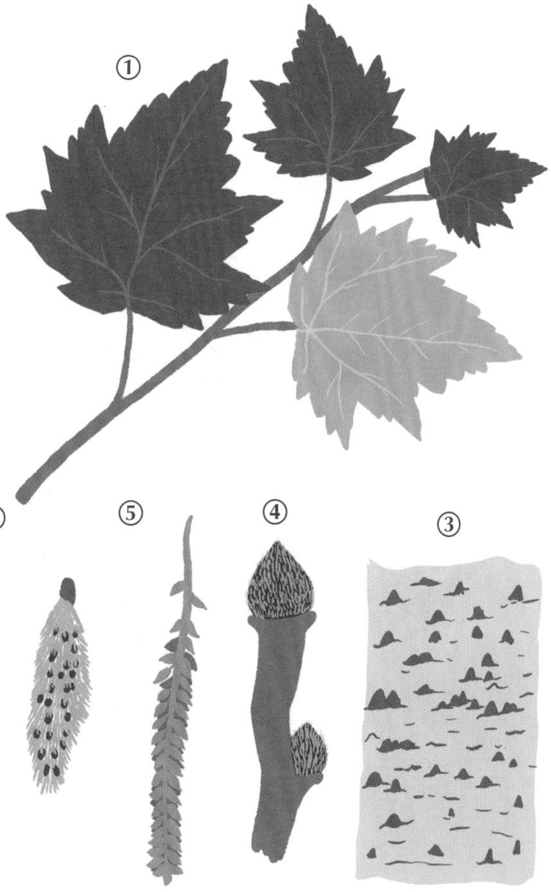

미루나무(포플러) 사건

1976년 미루나무 한 그루가 전쟁을 일으킬 뻔했다. 남한과 북한을 나눈 비무장 지대에서 시야를 가리던 미루나무의 가지치기 작업을 감독하고 있던 미군들에게 북한군이 시비를 걸다가 도끼를 휘둘렀다(한국에서는 '판문점 도끼 만행 사건'이라고 불린다—옮긴이). 이 사건으로 인해 결국 두 명의 미군 장교가 사망했다.

Prunus persica

복사나무

프랑스 작가 시도니가브리엘 콜레트는 “살짝 열병이 난 장미처럼 초년기 복사나무에서 꽃들이 뭉쳐 핀다.”라고 복사나무(복숭아나무)를 표현했다. 평균 수명이 가장 짧은 가냘프고 연약한 복사나무는 아름다운 꽃을 피울 뿐만 아니라 세상에서 가장 맛있는 열매를 맺는다. 참고로 우리가 알고 있던 것과 다르게 승도는 복사나무의 자연 변종, *Prunus persica* var. *nectarina* Maxim(프루누스 페르시카 var. 넥타리나 막심)과 *Prunus persica* for. *aganonucipersica*(프루누스 페르시카 for. 아가노누시페르시카)에서 나온 열매이다.

목: 장미목 | **과:** 장미과 | **속:** 벚나무속 | **벚나무속의 수종:** 400여 종

어디에서 볼 수 있을까?

복사나무의 원산지는 중국 북부와 몽골이다. 이후 인도와 페르시아에서 재배되었고 유럽까지 들어오게 된다. 복사나무는 경작이 잘되는 토양, 서늘하고 배수가 잘되는 토양을 좋아하고, 석회질 토양을 싫어한다.

평균 수령
20년

성장 속도
빠름

형태
옆으로 쫙 퍼져 자라는 작은 나무(2~6미터)이다. 주로 담장 옆에서 볼 수 있다.

① **잎:** 타원처럼 생긴 피침 모양이다. 잎몸은 폭이 좁고, 짧은 입자루로 잔가지에 연결되어 있다.

② **잔가지:** 붉은색을 띠고 가늘다.

③ **수피와 목재:** 수피는 회색이고 반들반들하다. 분홍색 목재는 와인색 결이 있다. 예전에는 가구 공예에서 쪽매붙임할 때 사용되었다.

④ **눈:** 눈껍질이 서로 포개져 있다.

⑤ **꽃:** 연분홍색 꽃잎 5장이 묶여 있다. 꽃송이가 여러 개 모여 피거나 단독으로 하나씩 핀다.

❻ **열매**: 복숭아는 껍질에 솜털이 있으며, 핵이 크고 주름져 있다.

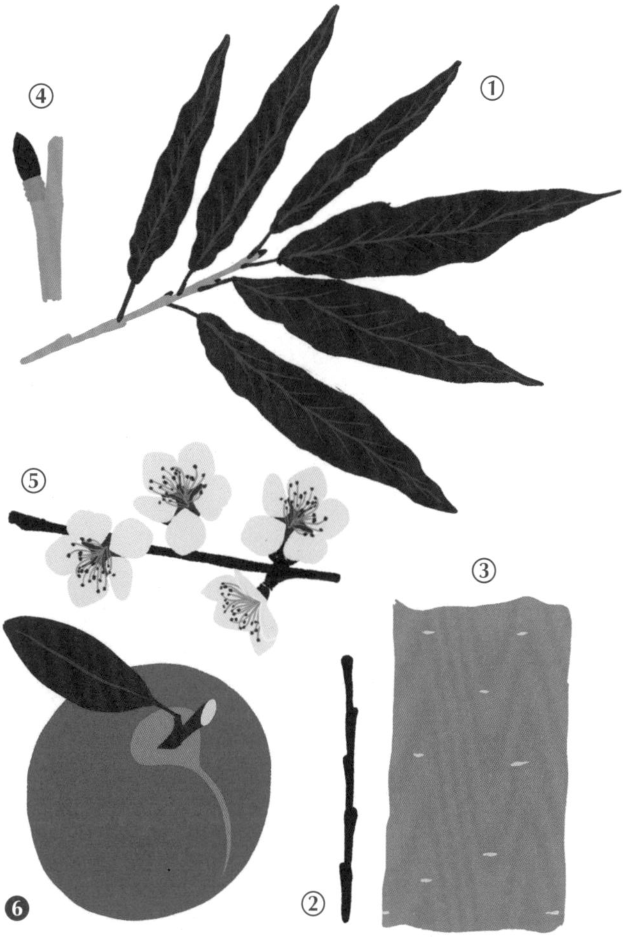

페르시아의 사과

고대 그리스와 로마 사람들은 복숭아가 그저 페르시아에서 온 사과일 뿐이라고 믿었다. 그래서 사과를 의미하는 'Malum(말룸)'을 붙인 'Malum persica(말룸 페르시카. 페르시아에서 온 사과)'가 오랫동안 복숭아를 가리키는 말이었다. 페르시아 사람들이 처음으로 열매를 수확하기 위해 복사나무를 재배했기 때문에 페르시아가 복사나무의 원산지로 알려졌었다.

Quercus ilex

일렉스참나무

또는 털가시나무

일렉스참나무(호랑잎가시나무)의 잎을 보고 호랑가시나무가 생각나는 것은 당연하다! 일렉스참나무는 여느 참나무에 비해 키가 작은 편으로 관목으로 분류된다. 일렉스참나무의 다른 이름인 '털가시나무'를 뜻하는 프랑스어 'yeuse(이유즈)'는 오크어 'Euze(유즈)'에서 차용한 말이다. 여기서 더 거슬러 올라가보면, 'Euze'는 '호랑가시나무'를 의미하는 라틴어 'ilex(일렉스)'가 변형된 단어인 'Elex(엘렉스)'에서 따온 것이다.

목: 참나무목 | **과:** 참나무과 | **속:** 참나무속 | **참나무속의 수종:** 약 250종

어디에서 볼 수 있을까?

생명력이 강한 일렉스참나무는 무덥고 건조한 날씨도 견딘다. 특별하게 필요한 토양의 조건은 없으나 석회질 토양을 선호한다. 자연에서 자라는 일렉스참나무는 돼지들의 살을 찌우는 식량을 제공한다. 지중해 그리스 지역과 스페인, 포르투갈에서 많이 볼 수 있다.

평균 수령
1,000년

성장 속도
매우 느림
(20년 동안 3미터)

형태
큰 가지들은 예각을 이루며 비스듬하게 자라고 밑줄기가 짧다. 가지와 잎이 빽빽하게 자라서 녹음이 짙다. 높이는 30미터를 거의 넘지 않는다.

❶ **잎**: 상록성 잎으로 가죽질이고 짙은 초록색이다. 잎에 가시가 있어 호랑가시나무의 잎을 떠올리게 한다.

② **잔가지:** 가늘고 곧다. 갈색 솜털로 덮여 있다.

③ **수피와 목재:** 수피는 검은빛을 띤 짙은 갈색이며, 가늘게 갈라진다. 아주 무겁고 단단하며 재질이 매우 균일한 목재는 참나무 목재 중에서 최고로 꼽힌다.

④ **눈:** 끝눈이 무척 작고 미세한 털로 덮여 있다.

⑤ **꽃:** 거의 눈에 띄지 않는다. 꼬리모양꽃차례로 달리는 꽃들은 그리 풍성하지 않은 편이다. 잔가지의 끝에 황록색 꽃들이 모여 매달려 있다.

⑥ **열매:** 열매인 도토리는 적갈색이고 길며(4센티미터까지) 가늘다. 연한 황갈색 깍정이보다 크다.

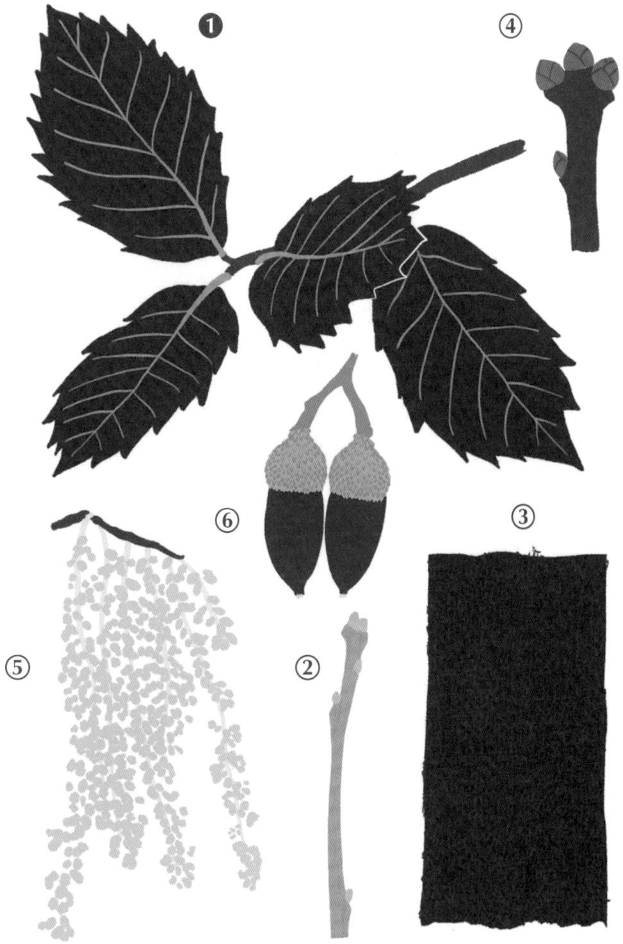

돼지에게는 맛있는 식량!
돼지는 산속에서 자라는 일렉스참나무의 열매를 무척 좋아한다. 이 열매를 먹은 프랑스 토종 돼지 킨토아Kintoa의 지방은 독특한 질감이 있으며, 맛 또한 독특하다. 이를 확인해 주는 독일 속담이 있다. "참나무에서 가장 맛있는 햄이 자라난다."

Quercus robur

로부르참나무

고대 그리스 사람들은 님프 드리아데스와 하마드리아데스가 로부르참나무에 깃들어 산다고 믿었다. 제우스 신에게 바친 로부르참나무는 여러 강력한 상징을 지녔고 특별한 허가 없이 로부르참나무를 벨 수 없었다.

목: 참나무목 | **과:** 참나무과 | **속:** 참나무속 | **참나무속의 수종:** 약 250종

어디에서 볼 수 있을까?

로부르참나무는 활엽수 혼효림과 초원에서 자란다. 나무의 튼튼한 모습은 풍경을 더욱 돋보이게 한다. 토양에 적응을 잘하며 바람도 잘 견딘다. 그래도 로부르참나무가 자라는 데 최상의 조건은 토심이 깊고 무기질이 풍부하며 서늘하고 습한 토양이다. 아시아, 아프리카, 유럽, 미국 등 널리 볼 수 있다.

평균 수령	성장 속도	형태
300년에서 1,000년 이상까지	느림 (10년 동안 약 4.5미터)	잎이 모여나고, 가지가 묵직하고 구불구불하며, 곧은 밑줄기는 짧고, 나무의 꼭대기는 뾰족하지 않다. 이러한 생김새로 인해 로부르참나무는 튼튼해 보인다.

❶ **잎**: 잎몸의 상단 3분의 1 지점이 가장 넓고, 잘 떨어지지 않는 잎은 불규칙하게 갈라지며, 잎자루가 짧아 알아보기 쉽다.

② **잔가지**: 잔가지의 끝에 여러 개의 눈이 다닥다닥 달라붙어 있다.

③ **수피와 목재**: 수피는 회갈색이고 세월이 흐르면서 짧고 울퉁불퉁한 조각으로 깊게 갈라진다. 단단한 목재는 품질이 매우 좋아 값이 더 나가고 다양한 용도로 사용할 수 있어서 인기가 많다. 심재는 갈색이다. 변재는 살구색이고 방사 조직들이 굉장히 잘 보인다.

④ **눈**: 달걀 모양이고 주황색이다. 잔가지의 끝에 눈이 모여서 난다.

⑤ **꽃**: 암수한그루, 양성꽃이다. 노란 수꽃은 꼬리모양꽃차례로 달린다. 수꽃처럼 꼬리모양꽃차례로 달리는 암꽃은 긴 꽃자루의 끝에 한데 모여 핀다.

⑥ **열매**: 달걀 모양의 도토리는 주로 2개씩 묶여 있고 가을에 무르익는다.

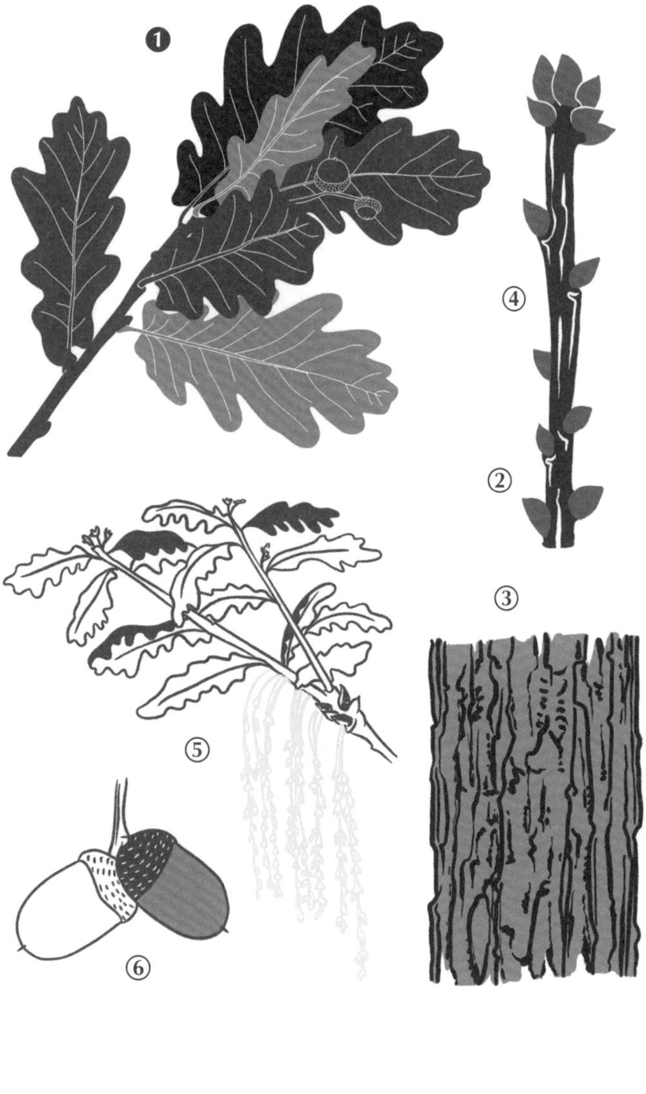

참나무로 만든 영웅을 위한 왕관

고대 그리스·로마 시대에 올림픽 경기의 승자에게는 올리브나무로 만든 왕관을 씌웠다. 그리고 고대 로마의 원형 경기장에서 열렸던 경기에서 승리한 이에게는 승리의 왕관이라 불리는 월계관을 수여했다. 시민관corona civica이라 불리는 참나무 잎으로 만든 왕관은 침략자를 죽이고 로마 시민의 목숨을 구한 사람에게 수여했다.

Quercus rubra

루브라참나무

참나무 중에서 생장 속도가 가장 빠르다. 게다가 옮겨 심기도 쉽고, 추위와 도심의 공해도 잘 견딘다. 레드오크라고 불리기도 하는 루브라참나무는 가을이 되면 색이 아름답게 변해 사랑받는 관상용 나무이다.

가을 잎

목: 참나무목 | **과:** 참나무과 | **속:** 참나무속 | **참나무속의 수종:** 약 250종

어디에서 볼 수 있을까?

초원과 생물종이 풍부한 숲, 경작이 잘되고 석회질이며 산성이 너무 과하지 않은 토양을 좋아한다. 좋든 싫든 루브라참나무는 도시의 공기를 견딘다. 나이가 아주 많은 루브라참나무는 벼락을 끌어당긴다. 미국 북동부 지역에서 많이 볼 수 있다.

평균 수령	성장 속도	형태
200년	꽤 빠름	다른 참나무보다 폭이 넓고 높이가 낮으며(20~30미터) 가지가 더 곧아 우아하다.

❶ **잎**: 크기가 크고(길이 약 20센티미터) 여러 갈래로 갈라지며 갈래 조각의 끝이 길고 뾰족하다. 잎의 앞면은 짙은 초록색이고, 뒷면은 청록색이다. 가을이 되면 선명한 빨간색이 된다.

② **잔가지**: 회색이고 털이 없으며 가늘다.

③ **수피와 목재**: 수피가 잘 변한다. 은회색 수피는 오랫동안 매끄러운 결을 유지하다가 세월이 흐르면서 약간 갈라진다. 목재는 무겁고 거칠며 무른 편이다.

④ **눈**: 밤색 눈은 끝에 털이 약간 있고 눈껍질에 싸여 있다.

⑤ **꽃**: 황록색 수꽃은 꽤 긴 꼬리모양꽃차례로 달린다. 빨간 암꽃은 2개씩 묶여 있으며, 작고 달걀 모양이다.

⑥ **열매**: 열매인 도토리는 크기가 제법 큰 편이다(길이 약 2.5센티미터). 윗부분은 둥글고 끝은 뾰족하다. 2년마다 열매가 익는다.

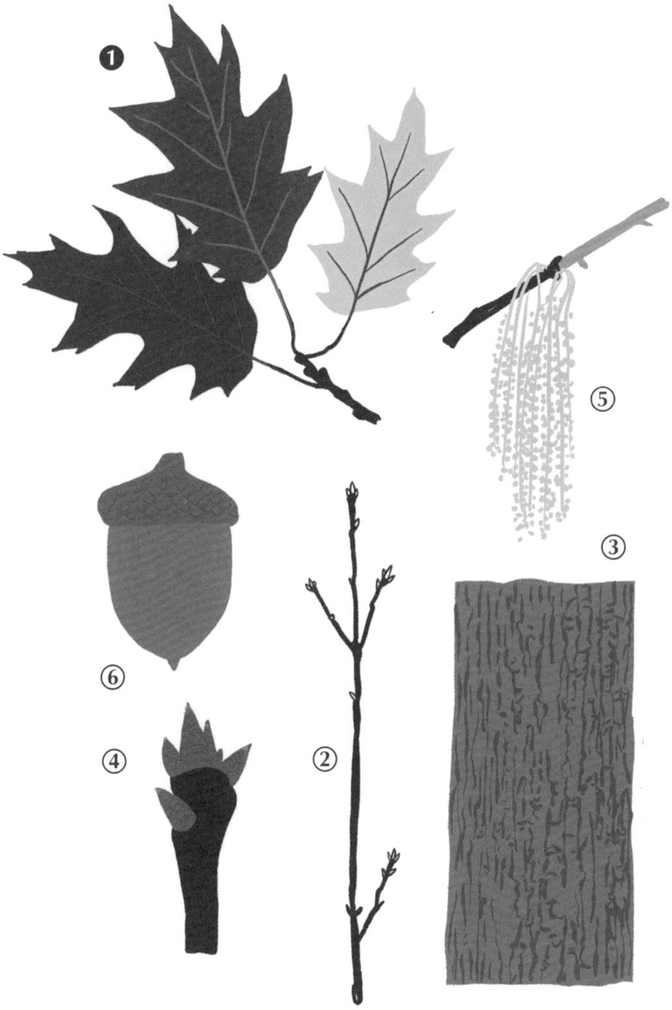

모든 곳에서 쓰이는 참나무

루브라참나무의 목재는 참나무 목재 중에서도 중요하다. 바닥, 가구, 철도의 침목, 울타리의 기둥, 배의 마스트, 우드 타일, 들보, 자전거의 바큇살 등 루브라참나무의 목재가 다양하게 사용되기 때문이다.

Quercus sessiliflora

페트레아참나무
또는 세실참나무

페트레아참나무는 '*Quercus petraea* (쿠에르쿠스 페트라에아)'라는 학명으로 불리기도 한다. 종소명 '*petraea* (페트라에아)'는 '돌'이나 '바위'를 의미하는 라틴어 'petraeus(페트레우스)'에서 유래되었다. 페트레아참나무 목재의 질이 좋기로 유명해 붙여진 명칭이다. 페트레아참나무는 목재가 묵직해서 지금도 계단이나 창문, 문을 만들 때 인기가 많다. 또한 작은 배와 술통을 제작할 때에도 쓰인다.

목: 참나무목 | **과:** 참나무과 | **속:** 참나무속 | **참나무속의 수종:** 약 250종

어디에서 볼 수 있을까?

페트레아참나무는 늦서리에 민감하지만, 건조한 날씨를 잘 견디고 무더위를 즐기며 도시 공해에도 강한 나무임에 틀림없다. 석회질 토양에서도 잘 자라지만 그래도 산성, 점토질 토양을 선호한다. 아시아, 유럽, 아프리카, 이란, 미국 등에서 볼 수 있다.

평균 수령
500년

성장 속도
비교적 느림
(20년 동안 10미터)

형태
페트레아참나무는 수관이 고른 형태이며, 줄기는 가늘고 곧고, 가지는 로부르참나무보다 덜 구불구불하다. 키가 큰 나무들이 모여 자라는 숲(교림)에서도 잘 적응한다.

① **잎:** 잎이 길고(약 10센티미터) 잎자루도 길다. 잎이 많이 갈라지는데, 결각이 깊지 않고 갈래 조각이 완만하게 둥글다. 비교적 연한 초록색이다.

② **잔가지:** 은색이다. 로부르참나무보다 잔가지가 덜 구불구불하다.

③ **수피와 목재:** 수피는 회갈색이며 깊게 갈라진다. 목재는 단단하고 방사 조직이 잘 보인다. 로부르참나무의 목재보다 재질이 더 균일하기 때문에 더 많이 쓰인다.

④ **눈:** 작고 달걀 모양이며 주황색이다.

⑤ **꽃:** 꼬리모양꽃차례로 달리는 수꽃과 암꽃은 잔가지에서 돋아난다. 그해에 바로 황록색 꽃들이 한데 모여 길게 달린다.

❻ **열매:** 작은 공 모양이다. 어린 잔가지의 끝에 모여 달린다. 열매 자루가 없이 [프랑스어로 'sessile(세실)'은 잎이나 꽃, 열매의 자루가 없다는 의미이다—옮긴이] 잔가지에 바로 붙어 있다.

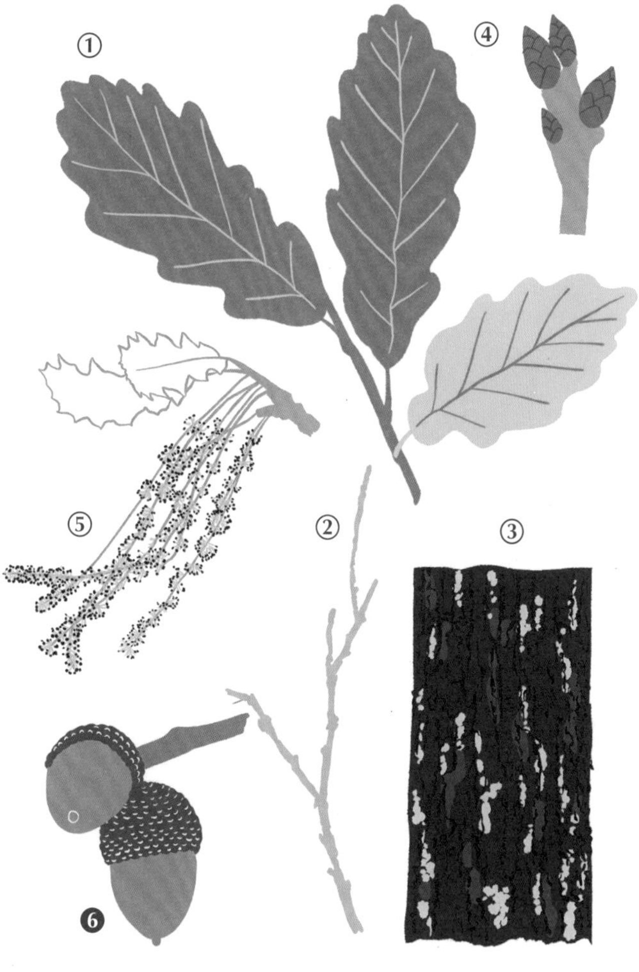

가죽과 약

페트레아참나무의 껍질은 타닌이 풍부해 무두질 작업에서 매우 중요한 역할을 한다. 추출된 타닌은 무두질 작업에서 가죽이 생분해되지 않도록 가죽의 내구성과 지속성을 높여주기 때문이다. 이 외에도 페트레아참나무의 껍질에서 만성 피부병을 치료하는 약재인 곡목피를 얻는다.

참나무의 잎

참나무의 잎은 형태와 색이 정말 다양하다.

코르크참나무
대왕참나무
푸베센스참나무(잔털참나무)
페트레아참나무
슈마드참나무
피레네참나무

Sorbus aria

유럽팥배나무

고속도로의 가장자리와 도심에서 잘 자라는 나무이다. 건조한 날씨, 바람, 공해 등 모든 환경에 강하다. 유럽팥배나무는 다른 나무들이 살아남을 수 없을 곳에 호흡할 수 있는 작은 공간을 만들어준다. 이런 유럽팥배나무의 선행 덕분에 다른 나무들이 살아날 수 있다는 것에 대해 우리는 고맙게 여겨야 한다. 그리고 여기서 소개될 유럽팥배나무 열매의 활용법을 보며 유럽팥배나무를 재발견해 보자.

목: 장미목 | **과:** 장미과 | **속:** 마가목속 | **마가목속의 수종:** 80여 종

어디에서 볼 수 있을까?

유럽팥배나무는 나쁜 환경도 잘 받아들인다. 여름의 더위와 건조한 날씨를 좋아한다. 바람과 도시의 공기에 강하고 모든 유형의 토양에 적응한다. 아마 환경에 가장 잘 적응하는 나무일 것이다! 유럽, 북아프리카(알제리, 모로코, 튀니지)를 비롯해 조지아, 아르메니아 등에서 볼 수 있다.

평균 수령	성장 속도	형태
100년 이하	느림	줄기는 곧고, 수관은 폭이 좁다. 나무의 꼭대기는 잎들이 촘촘하게 자라서 밀집도가 꽤 높다.

① **잎:** 잎이 갈라지지 않고 가장자리에 이중 톱니가 발달했다. 앞면은 초록색이며, 뒷면은 흰색을 띠고 솜털이 나 있다.

② **잔가지:** 빛을 받으면 주홍색, 그늘에서는 회색빛이 돈다.

③ **수피와 목재:** 회색 수피는 매끄럽고 세로로 갈라진다. 흰색 목재는 무겁고 내구성이 매우 좋으며, 옛날에 방아 등과 같은 기구를 만들 때 쓰였다.

❹ **눈:** 특징이 뚜렷하다. 초록색 눈껍질이 흰색 털로 덮여 있다.

⑤ **꽃:** 양성꽃이다. 흰색 꽃들이 촘촘하게 묶음으로 모여 핀다.

⑥ **열매:** 커피 체리(커피나무의 열매)처럼 생겼다. 열매의 껍질에 털이 나 있다. 꽃받침의 일부가 열매의 꼭대기에 남아 있다. 맛이 새콤하다.

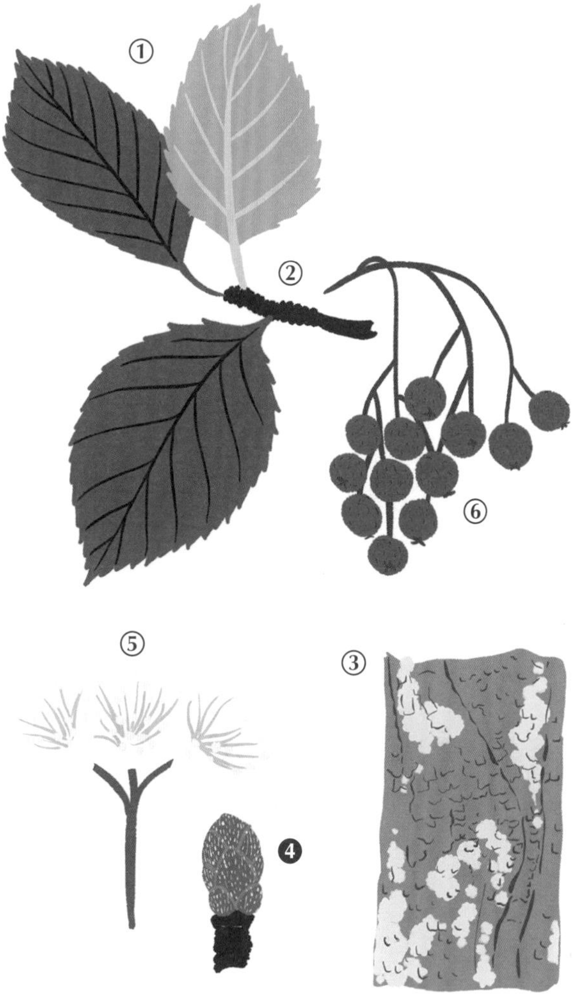

복통 치료약

팥배나무의 열매는 복통을 치료해 주는 효능으로 유명하다. 특히 단풍팥배나무의 학명 '*Sorbus torminalis*(소르부스 토르미날리스)'에서 라틴어 '*torminalis*'는 '복통에 좋다'라는 의미이다. 민간요법에서 유럽팥배나무*Sorbus aria*의 열매를 말려 기침과 심한 감기를 가라앉혀 주는 처방 약으로 썼다.

Sorbus aucuparia

유럽마가목

장미과 마가목속*Sorbus*은 이란성 쌍둥이처럼 닮은 두 나무가 중심이 된다. 바로 마가목과 팥배나무이다. 마가목은 겹잎이고 팥배나무는 홑잎이기 때문에 잎으로 두 나무를 구분한다.

가을 잎

목: 장미목 | **과:** 장미과 | **속:** 마가목속 | **마가목속의 수종:** 80여 종

어디에서 볼 수 있을까?

서늘하고 습한 환경을 좋아하고, 건조한 여름을 힘들어하며, 비옥하지 않은 토양에 완벽하게 적응하는 나무이다. 나무들이 듬성듬성 자라는 숲이나 목초지, 해발 2,000미터까지의 지대에서 볼 수 있다. 러시아 시베리아 지역, 코카서스 지방, 유럽 산악 지역에서 볼 수 있다.

평균 수령	성장 속도	형태
100년 이하	비교적 느림 (20년 동안 8미터)	10미터를 거의 넘지 않는 키가 작은 나무이다. 가지는 항상 위로 뻗고, 수관은 약간 둥근 모양이다. 강추위를 견디며 거의 아무 데서나 자랄 수 있는데, 심지어 고르지 않은 토양에서도 잘 자란다.

① **잎:** 작은 잎 6~10쌍으로 이루어진 복엽이다. 잎의 가장자리에는 톱니가 발달했다. 맨 끝에 있는 잎이 제일 작다. 칸 영화제 황금종려상의 잎처럼 생겼다. 가을이 오면 나뭇잎은 빨갛게 물든다.

② **잔가지:** 적갈색이다. 짧고 부드러운 털로 덮여 있다가 매끄러워진다.

③ **수피와 목재:** 회색의 수피는 매끄럽고, 껍질눈이 가로로 생긴다. 변재는 살짝 붉은 산호색을 띠고, 심재는 더 짙은 갈색이다. 단단하고 무거운 목재는 작은 조각품을 만들 때를 제외하고 거의 사용되지 않는다.

④ **눈:** 방추형이고 솜털로 덮여 있다. 자주색 눈껍질에는 긴 회색 털이 붙어 있다.

⑤ **꽃:** 크림색이며, 산방꽃차례로 달린다.

⑥ **열매:** 진홍색 장과이며 맛이 떫고 시다.

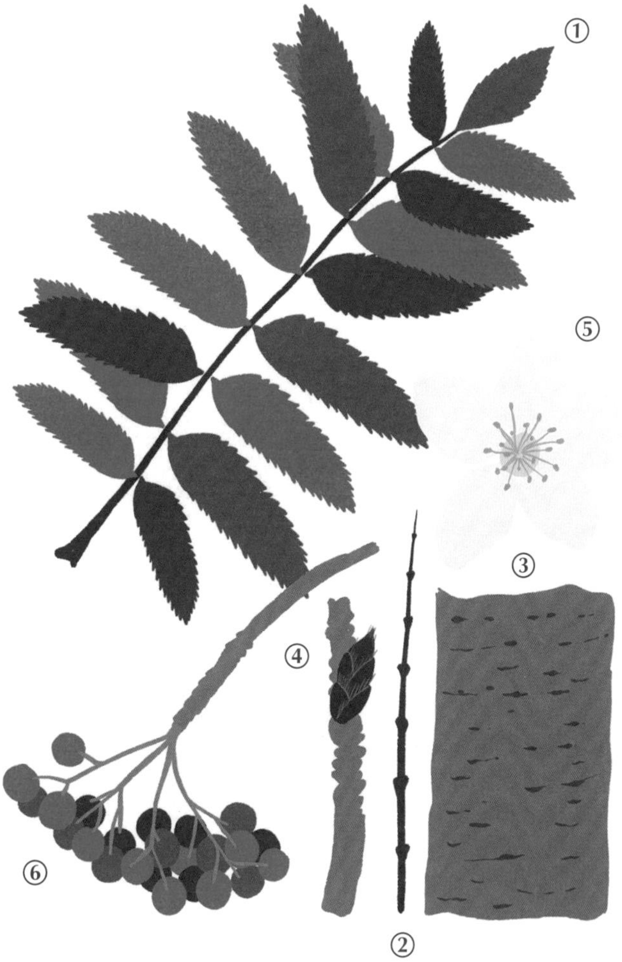

새들이 좋아하는 열매

새들이 유럽마가목 열매 — 마가목속 나무에서 가장 흔히 볼 수 있는 열매 — 를 무척 좋아해서 프랑스에서는 유럽마가목을 'sorbier des oiseleurs(소르비에 데 우와줄뢰르)' ('새를 잡는 마가목'이라는 의미이다 — 옮긴이)라고 부른다. 새들은 유럽마가목 열매의 씨를 퍼트리면서 나무의 번식 활동에 활발하게 참여한다.

Betula papyrifera

종이자작나무
또는 카누자작나무

종이자작나무는 아메리칸 인디언들이 방수가 되는 이 나무의 껍질로 카누를 만들어 '카누자작나무'로도 불린다. 또 다른 특징으로 종이자작나무는 한 나무에 암꽃과 수꽃이 같이 있는 암수한그루이다.

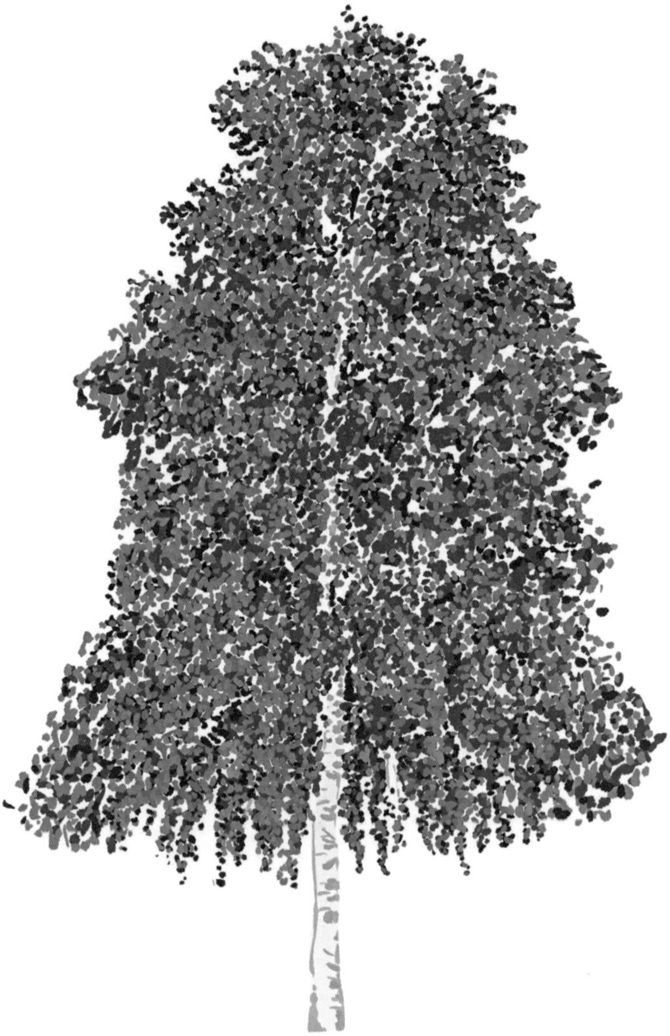

목: 참나무목 | **과:** 자작나무과 | **속:** 자작나무속 | **자작나무속의 수종:** 약 50종

어디에서 볼 수 있을까?

그린란드의 고유종인 종이자작나무는 모든 유형의 토양에 잘 적응하고, 빛이 잘 드는 자리를 유독 좋아한다. 생명력이 강한 나무로 순백의 수피와 우아한 잎들이 빛을 끌어당기고 관목림을 환하게 밝혀준다. 캐나다와 미국 뉴욕주, 펜실베이니아주, 코네티컷주 등에서 볼 수 있다.

평균 수령
100년

성장 속도
꽤 빠름
(20년 동안 12미터)

형태
튼튼한 나무로 가지가 삐죽삐죽 튀어나와 헝클어진 머리처럼 생겼다. 가지가 옆으로 퍼지며, 듬성듬성 돋아난 잎들 사이로 빛이 통과한다.

① **잎:** 잎맥이 완벽하게 평행하지 않지만 많이 발달되어 있다. 잎이 크고 뒷면에 검은색의 작은 반점이 있으며, 잎자루에 짧고 부드러운 털이 있다.

② **잔가지:** 은빛이 도는 적갈색이고 무사마귀처럼 생긴 돌기(수지)가 있다.

❸ **수피와 목재**: 빛을 끌어당기는 순백의 수피는 가로로 벗겨지고 방수성이다. 하얀 목재는 가볍고 좋은 연료가 된다.

④ **눈:** 원뿔 모양이며 크기가 작고 초록색이다. 눈의 가장자리는 갈색이다.

⑤ **꽃:** 초록빛이 도는 암꽃은 잔가지의 끝에서 돋아난다. 암꽃보다 두 배 더 큰 수꽃은 갈색을 띤다.

⑥ **열매:** 작은 원기둥 같은 과수果穗 안에 날개가 달린 작은 씨들이 모여 있다가 무르익으면 떨어져 나간다.

다용도 나무껍질

종이자작나무의 껍질은 사람들에게 상당히 유익한 재료이다. 이 나무의 껍질로 카누뿐만 아니라 물건을 담는 용기도 만든다. 또한 완벽한 단열재이기도 하다.

Betula pendula

자작나무

자작나무(처진자작나무)는 목재, 껍질, 수액, 잎까지 모든 것을 사용할 수 있다.
수 세기 전부터 사람들은 자작나무에서 최고의 것을 추출하는 법을 알고 있었다.
자작나무는 특히 잔가지에 무사마귀처럼 생긴 돌기가 있어 알아보기 쉽다. 그래서 프랑스에서는 자작나무를 'Bouleau verruqueux(불로 베뤼끄)'('verruqueux'는 '무사마귀처럼 생긴 돌기가 있는'의 의미 — 옮긴이)라고 부른다.

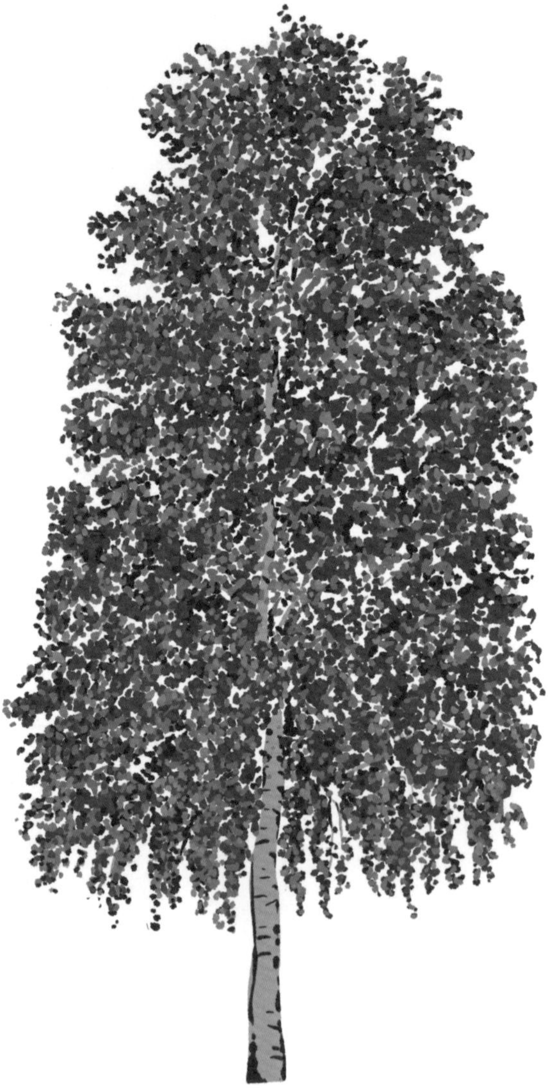

목: 참나무목 | **과:** 자작나무과 | **속:** 자작나무속 | **자작나무속의 수종:** 약 50종

어디에서 볼 수 있을까?

시베리아 대초원부터 이란 북부 지역과 스칸디나비아반도를 지나 프랑스의 숲까지 넓은 지역에 분포하고 있는 자작나무는 나무들이 듬성듬성 자라는 숲, 탁 트인 드넓은 목초지와 황무지를 좋아한다. 모든 유형의 토양에 잘 적응하며 건조한 날씨도 잘 견디는 생명력이 강한 나무이다.

평균 수령
100년을 넘기는 나무는 드물다.

성장 속도
빠름
(20년 동안 12미터)

형태
프랑스 등에서는 가지가 처져 있는 모습 때문에 '처진자작나무'라고 부르기도 한다. 특히 나이가 많은 나무의 가지는 아래로 더 처져 있다. 흰색 줄기에 검은색 껍질눈이 가로로 나 있어 쉽게 알아볼 수 있다.

① **잎:** 삼각 모양이고 가장자리에 이중 톱니가 있으며, 크기가 작다(길이 3~7센티미터). 가을에 아주 밝은 금빛으로 물든다.

② **잔가지:** 껍질이 덮여 있고, 수지가 거의 없다. 작은 흰 점이 있다.

③ **수피와 목재:** 주홍색인 수피는 어린 나무일 때 청동색에 가깝다. 이후 크림색 마름모꼴 반점과 검은색 줄무늬가 생긴다. 목재는 하얗고 무척 가볍다. 변재가 선명하지 않다. 좋은 연료로 쓰인다.

④ **눈:** 뾰족하다. 원뿔 모양 및 달걀 모양이다. 크기가 작다.

⑤ **꽃:** 잔가지의 끝에서 돋아난다. 분홍색 수꽃은 꼬리모양꽃차례로 달린다. 수꽃처럼 꼬리모양꽃차례로 달리는 황록색 암꽃은 길이가 더 짧고 봄에만 나타난다.

⑥ **열매:** 비늘 조각 형태의 작은 날개처럼 생긴 시과들이 원기둥 모양 및 작은 원뿔 모양을 이루고, 바람에 날아간다.

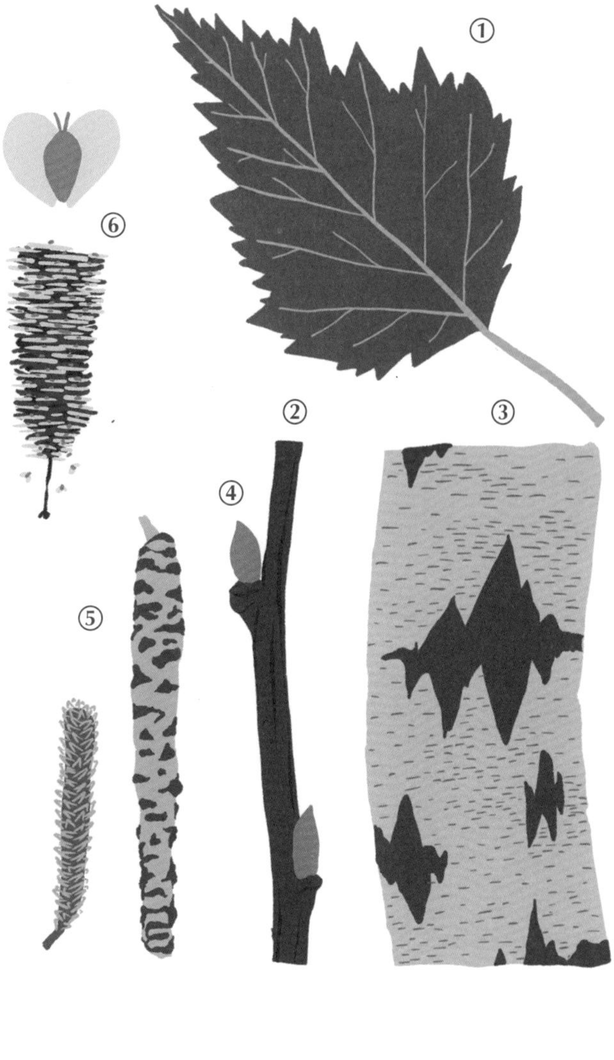

맥가이버 칼처럼 다용도로 사용되는 나무

자작나무의 어린 가지는 완벽한 대걸레 자루가 된다. 나무껍질로는 지붕, 신발, 양피지 등을 만든다. 나무껍질에서 나온 '자작나무 타르'는 접착제나 껌이 되었다. 수액은 알코올 또는 무알코올 음료로 만들고, 다양한 질병의 치료제로도 활용된다. 잎은 이뇨 효과가 있어 우려내 먹는다.

Cupressus sempervirens

지중해사이프러스

진짜 사이프러스와 가짜 사이프러스가 있는데, 종자원추체의 크기로 두 사이프러스를 구분할 수 있다. 진짜 사이프러스에 속하는 지중해사이프러스는 불멸을 상징해서 묘지에 심는다. 목재는 거의 썩지 않아 파라오의 무덤에 놓인 사르코파구스sarcophagus를 만드는 데 오랫동안 사용되었다.

목: 구과목 | **과:** 측백나무과 | **속:** 쿠프레수스속 | **쿠프레수스속의 수종:** 약 20종

어디에서 볼 수 있을까?

아주 많은 햇빛과 더위, 경작이 잘되는 토양을 필요로 한다. 해발 1,300미터까지의 지대에서 자생하는 지중해사이프러스는 그리스의 크레타섬, 프랑스 남동부 프로방스 지역, 지중해 동쪽의 모든 지역, 그리고 이란 북부 지역까지 분포되어 있다.

평균 수령	성장 속도	형태
500년	비교적 느림 (20년 동안 10미터)	이탈리아 중부 토스카나 지방의 상징인 지중해사이프러스는 짧고 곧게 뻗어나가는 가지들이 이루는 모습이 기다란 붓처럼 보인다. 이러한 나무의 형태를 '파스티기아타fastigiata'라고 부른다.

① **잎과 잔가지:** 잔가지에 비늘잎(길이 1~2밀리미터)들이 붙어 자라는데, 마치 체스판처럼 보인다. 손으로 만지작거리면 수지의 향이 강하게 난다.

② **수피와 목재:** 수피는 회갈색이고 세로로 갈라진다. 옅은 갈색의 목재는 아주 좋은 향이 난다. 옷장의 안쪽에 대는 합판이나 교황의 관을 만들 때 사용되었다.

③ **원추체:** 폴렌원추체는 아주 작은 원뿔 모양이며, 많은 꽃가루를 날려 보내는 여러 개의 소포자엽이 한데 모여 있다. 육질의 껍질에 싸인 배주원추체는 아주 작은 돌기 형태이다.

④ **종자원추체:** 끝이 뭉툭한 인편으로 둘러싸인 원형(지름 3센티미터)이다.

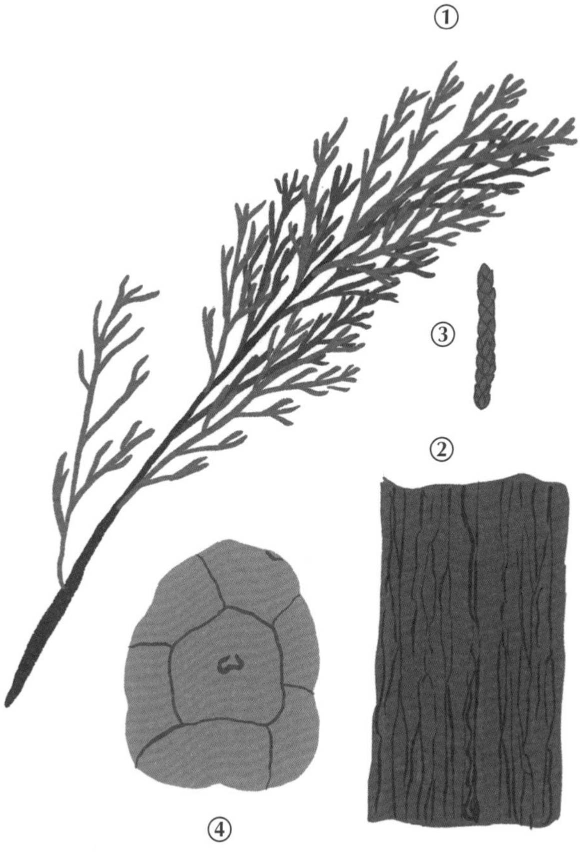

다양한 용도!

지중해 연안에 있는 사이프러스를 채소 재배자들은 바람막이로 쓴다. 친환경적이고 멋지지 않은가! 게다가 사이프러스의 종자원추체는 경련성 기침을 치료하기 위한 아로마 테라피에 사용된다.

Eucalyptus globulus

유칼립투스
또는 블루검

오블리쿠아유칼립투스*Eucalyptus obliqua*가 세계에서 가장 큰 나무일 수도 있다. 150미터까지 자랄 수 있기 때문이다! 하지만 155미터라는 넘을 수 없는 기록은 아미그달리나유칼립투스*Eucalyptus amygdalina*가 세웠다.

목: 도금양목 | **과:** 도금양과 | **속:** 유칼립투스속 | **유칼립투스속의 수종:** 약 500종

어디에서 볼 수 있을까?

호주가 원산지인 유칼립투스 또는 블루검blue gum은 석회질 토양을 좋아하지 않으며 서늘하고 습한 토양을 선호한다. 지중해 연안과 아프리카, 이탈리아, 스페인 등에서 볼 수 있는 유칼립투스는 많은 햇빛을 필요로 하지만 장기간 지속되는 건조한 날씨와 극심한 추위에 약하다.

평균 수령	성장 속도	형태
250년	매우 빠름 (연간 1미터 이상 자란다!)	수관이 매우 높고 둥근 모양이거나 원뿔 모양이며, 일반적으로 빽빽하다. 대체로 줄기는 곧게 서 있다. 높이 40미터까지 무난하게 자라는 나무이다.

❶ **잎**: 두 종류로 나뉜다. 어린나무의 잎은 타원 모양이고 유연하며 은빛이 도는 흰색이다. 성숙한 잎(나이가 5년 지난 나무를 점령하는 잎)은 아주 길고, 폭이 좁은 피침 모양으로 가죽질이다. 성숙한 잎의 색이 더 짙다.

② **잔가지**: 가늘고 베이지색이다.

③ **수피와 목재**: 수피가 적갈색의 길쭉한 띠 모양으로 빨리 떨어지면서 줄기는 희고 매끄러운 모습이 된다. 목재는 황회색이며, 무겁고 단단해 내구성이 좋다.

④ **꽃**: 하얗고 크다. 한데 모여서 나는 수술이 위로 올라와 있다.

⑤ **열매**: 껍질이 두꺼운 삭과이다. 열매에 4개의 능선이 있다. 종소명은 열매가 작은 공 모양을 하고 있어 붙여진 것이다('globulus'는 작은 공을 의미한다 — 옮긴이).

눈: 홑눈이며 크기가 크다.

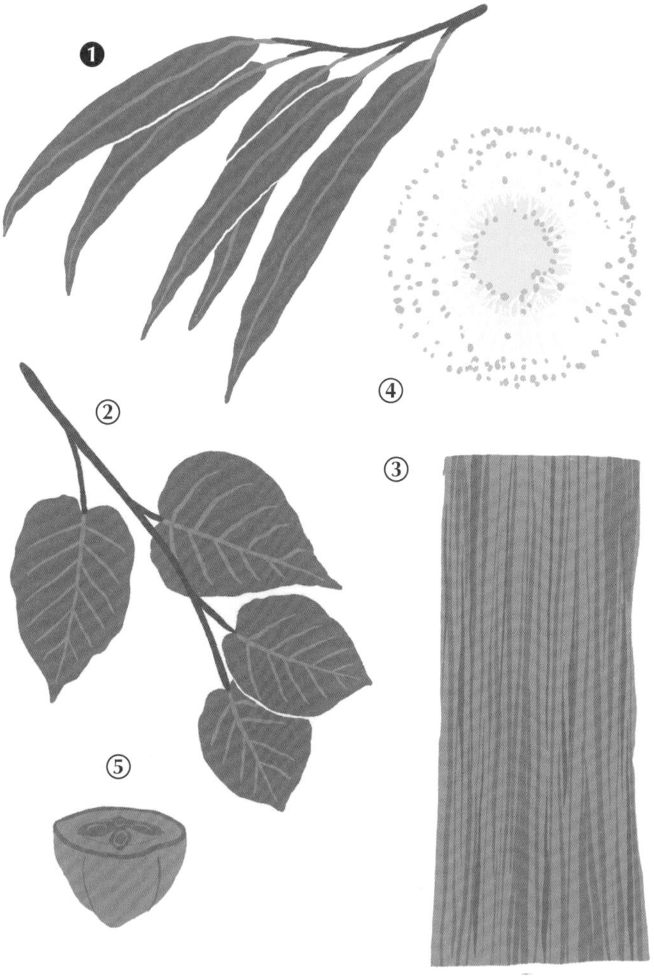

작은 금광

골드러시 시절, 캘리포니아에서 사람들은 말라리아를 퇴치하기 위해 유칼립투스를 심었다. 유칼립투스가 고여 있는 늪지대의 물을 빨아들여 토양을 정화할 수 있기 때문이다. 게다가 유칼립투스는 무게가 잎 한 장의 0.000005퍼센트도 되지 않는 흙 속의 금을 뿌리로 빨아들여 추출할 수 있다.

Juglans regia

호두나무

호두나무는 고대 그리스·로마 시대부터 재배된 나무이다. 고대 로마인들은 호두를 'royal(로열)'이라고 불렀는데, 그래서 호두나무의 학명이 'royal'을 의미하는 'regia(레기아)'를 붙여 '*Juglans regia*(유글란스 레기아)'라고 지어진 듯하다. 종종 중요한 유산으로 인정받는 호두나무는 아시아, 유럽, 미국에서 귀한 나무이다. 덧붙이자면 프랑스 그르노블 지역의 호두가 전 세계적으로 유명하다.

목: 가래나무목 | **과:** 가래나무과 | **속:** 가래나무속 | **가래나무속의 수종:** 15종

어디에서 볼 수 있을까?

호두나무는 공간과 빛을 필요로 한다. 영양분이 풍부하고 적당히 습하며 석회질의 토양을 좋아한다. 들판에서 낮잠을 자기에 완벽한 부드러운 그늘을 제공한다. 어린 호두나무는 추위에 민감하고, 숲속 야생 동물들이 무척 좋아해 보호가 필요하다. 영국 남부, 프랑스, 이탈리아, 중국 남서부, 코카서스 전역에서 볼 수 있다.

평균 수령	성장 속도	형태
수백 년	비교적 느림 (20년 동안 7.5미터)	묵직한 가지들과 원기둥 모양의 곧은 줄기 위에 살짝 얹힌 호두나무의 수관은 위풍당당하고 옆으로 활짝 퍼져 그늘이 만들어진다. 여름 동안 낮잠을 즐기는 데 그만한 곳이 없다.

붓

① **잎:** 달걀 모양이고 가죽질이다. 잎의 가장자리에 톱니가 없다. 잎을 만지면 열이 가해져 뜨거워진 가죽 또는 구두약 냄새가 강하게 풍겨 쉽게 알아볼 수 있다. 작은 잎 5~10개로 이루어진 겹잎이다. 맨 끝에 있는 잎이 가장 크며 길이가 20센티미터까지 자랄 수 있다.

② **잔가지:** 튼튼하고 억센 잔가지는 털이 거의 없고 광택이 있는 갈색이다. 잔가지에 심장 모양의 잎자국이 있다.

③ **수피와 목재:** 원기둥 모양의 줄기는 아주 연한 은빛이 도는 흰색이다. 나이가 들면서 수피가 깊게 갈라지고 점점 회색으로 변한다. 목재의 심재는 회색이다(종종 검은색 결이 보이기도 한다). 목재는 노르스름한 색이며 무겁고 밀도가 높다. 고급 가구재와 목공재로 많이 찾는 호두나무의 목재는 유능한 장인의 손을 거쳐 완벽하게 반들반들해질 수 있다.

④ **눈:** 작고 굵다. 갈색 눈껍질 2개가 눈을 싸고 있다.

⑤ **꽃:** 꼬리모양꽃차례로 피는 황록색 수꽃은 길게(5~10센티미터) 매달려 있으며, 20여 개의 수술이 한데 모여 있다. 꼬리모양꽃차례로 달리는 초록색 암꽃은 약간 작은 공처럼 생겼고 지름이 5센티미터 정도 된다.

⑥ **열매:** 길고 더운 여름이 지나면 호두가 무르익는다. 호두는 초록색의 연한 외과피로 덮여 있다. 참고로 프랑스에서는 이 외과피를 '브루brou'라고 부른다.

민간요법에서 쓰인 독

주의해야 할 점이 있다. 호두나무 주위에 아무 나무나 심어서는 안 된다. 호두나무 뿌리에 있는 유글론juglone이라는 물질이 열매를 맺는 나무들에게 독이 되는데, 특히 사과나무에 치명적이다. 한편으로 오랫동안 민간요법에서 치료제로 유글론을 사용했다.

Populus nigra 'Italica'

양버들

원기둥처럼 생긴 양버들은 흑양(검은포플러)의 특이 재배종이다.
파스티기아타 형태의 변종이며, 나이가 들면서 속이 텅 빈다는 특징이 있다.
이러한 특징은 나무를 더 유연하게 만들어 바람에 잘 견딜 수 있게 한다.

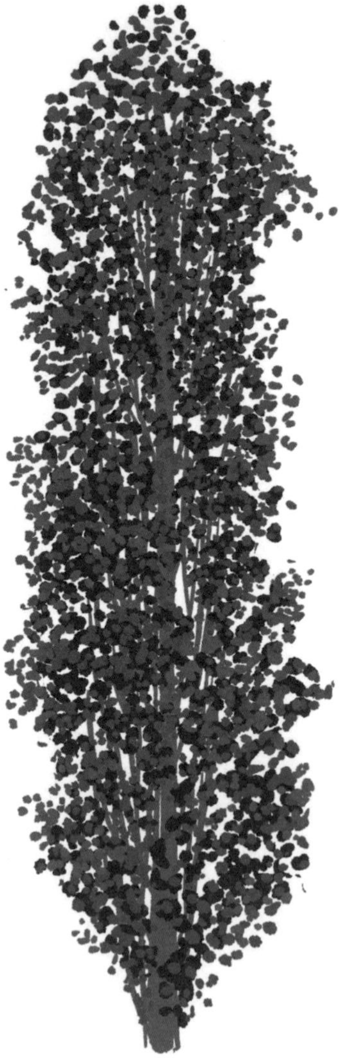

목: 버드나무목 | **과:** 버드나무과 | **속:** 사시나무속 | **사시나무속의 수종:** 35종

어디에서 볼 수 있을까?

연못가와 큰 강 유역에서 흔히 볼 수 있다. 모래질 토양, 자갈이 있고, 물에 흠뻑 젖어 있는 점토질 토양, 영양분이 풍부하고 토심이 깊은 토양을 좋아한다. 석회질 토양에서도 거부감 없이 잘 자란다. 나이를 먹을수록 쉽게 부러지는 특징이 있다. 유럽, 중앙아시아, 북서부 아프리카 등에서 볼 수 있다.

평균 수령	성장 속도	형태
300년	빠름 (20년 동안 13미터)	거대한 깃털 또는 붓털처럼 생겼다.

① **잎:** 잎은 크기가 꽤 작고 마름모꼴이며, 끝이 길고 뾰족하다. 잎의 가장자리에는 아주 가는 톱니가 있다.

② **잔가지:** 털이 없고 노란색이다. 완벽한 원기둥 모양이다.

③ **수피와 목재:** 수피는 짙은 회색이고 아주 빨리 갈라진다. 목재가 가볍고 시간이 흘러도 견고해서 건축재, 특히 합판으로 만들어 사용한다.

④ **눈:** 작고 뾰족하며 끈적끈적하다. 아주 작은 로만 아티초크처럼 생겼다.

⑤ **꽃:** 잎이 돋아나기 전에 꽃이 개화한다. 암꽃과 수꽃은 분리되어 있다. 꼬리모양꽃차례로 달리는 붉은 수꽃은 이삭 모양으로(수꽃이삭) 무리 지어 핀다. 암그루에서 피는 초록색 암꽃 역시 꼬리모양꽃차례로 달린다.

열매: 초록색 삭과로 털이 달린 씨앗들을 불어오는 바람에 날려 보낸다.

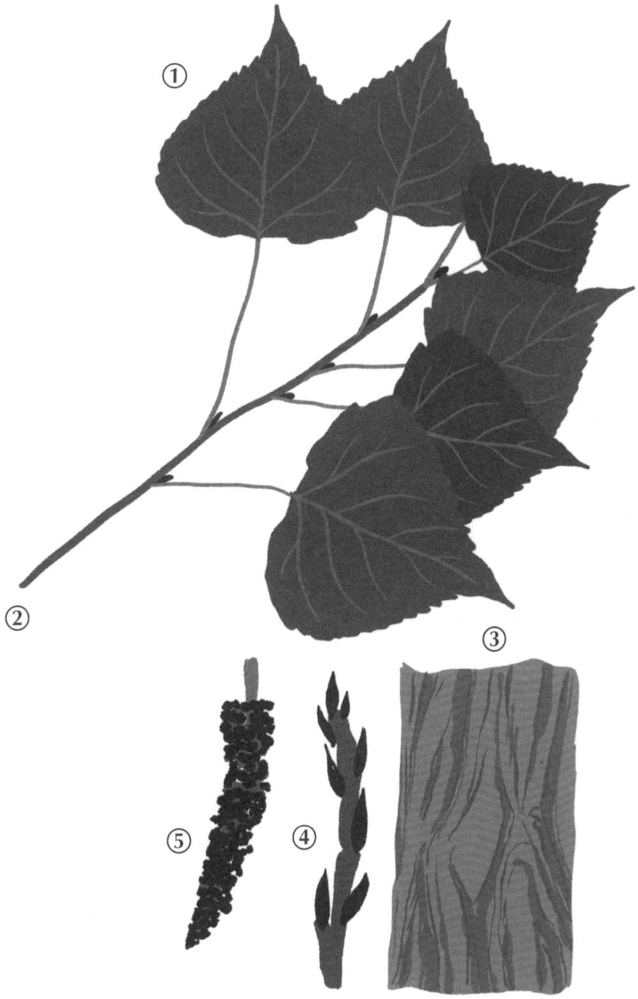

나무에 그림을 그리다

유럽, 특히 이탈리아 북부 지역에서는 흔히 포플러 목재가 미술의 바탕재로 사용되어 그 위에 그림, 제단 장식화, 결혼식용 궤의 장식화를 그렸다. 참나무와 피나무, 호두나무의 목재가 화판으로 가장 많이 사용되었지만, 예술가들 중에서도 특히 이탈리아의 예술가들은 포플러 목재로 만든 얇은 판에 그림을 즐겨 그렸다. 그중 가장 유명한 그림은 레오나르도 다빈치의 「모나리자」이다.

Populus tremula

사시나무

"나의 엄청난 무지를 당신에게 고백하자면 나는 호밀과 밀, 포플러와 사시나무를 구분하지 못한다네."
프랑스 소설가 오노레 드 발자크가 쓴 『골짜기의 백합』의 한 구절이다.
높은 줄기와 회색 수피, 털이 있는 꼬리모양꽃차례로 모양낸 사시나무는 여러분이 프랑스의
대문호보다 한 가지라도 더 멋진 일을 할 수 있게 돕는 좋은 벗이 될 것이다.

가을 잎

목: 버드나무목 | **과:** 버드나무과 | **속:** 사시나무속 | **사시나무속의 수종:** 35종

어디에서 볼 수 있을까?

사시나무는 들판과 나무들이 듬성듬성 자라는 숲의 가장자리, 암석이 많은 경사 지대를 좋아한다. 생명력이 아주 강한 사시나무는 모든 유형의 토양에서 자라며 도시 공해를 견딘다. 해발 2,000미터까지의 지대에서 발견된다. 스페인 중부와 튀르키예, 중국 톈산(千山)산맥, 북한, 일본 북부 지역에서 많이 볼 수 있다.

평균 수령
100년

성장 속도
매우 빠름

형태
줄기가 높고 가늘며 전체적으로 호리호리하게 생긴 사시나무는 중간 높이로(30미터까지. 대부분 이보다 작다) 자란다. 연약한 가지들이 듬성듬성 자라면서 나무 꼭대기를 이룬다.

❶ **잎**: 긴 잎자루에 달린 잎은 스페이드 모양이다. 엄청 살살 부는 바람에도 잎이 흔들린다.

② **잔가지**: 갈색이며 반들반들하다.

③ **수피와 목재**: 금빛 또는 은빛을 띠는 회색 수피는 매끄러운 상태를 오랫동안 유지하다가 시간이 흐르면서 갈라지고 색이 점점 더 짙어진다. 하얗고 가벼운 목재는 성냥을 만들 때 사용된다!

④ **눈**: 뾰족하고 날카롭다. 니스를 칠한 듯 반짝이고 털이 없다.

⑤ **꽃**: 꼬리모양꽃차례로 피는 수꽃은 아름다운 연한 빨간색의 포 형태이며 털이 길게 나 있고, 원기둥 모양을 이루며 매달려 있다. 꼬리모양꽃차례로 피는 암꽃은 흰색이다.

⑥ **열매**: 크기가 아주 작은 달걀 모양의 삭과이다. 양털 같은 털이 두껍게 덮여 있다.

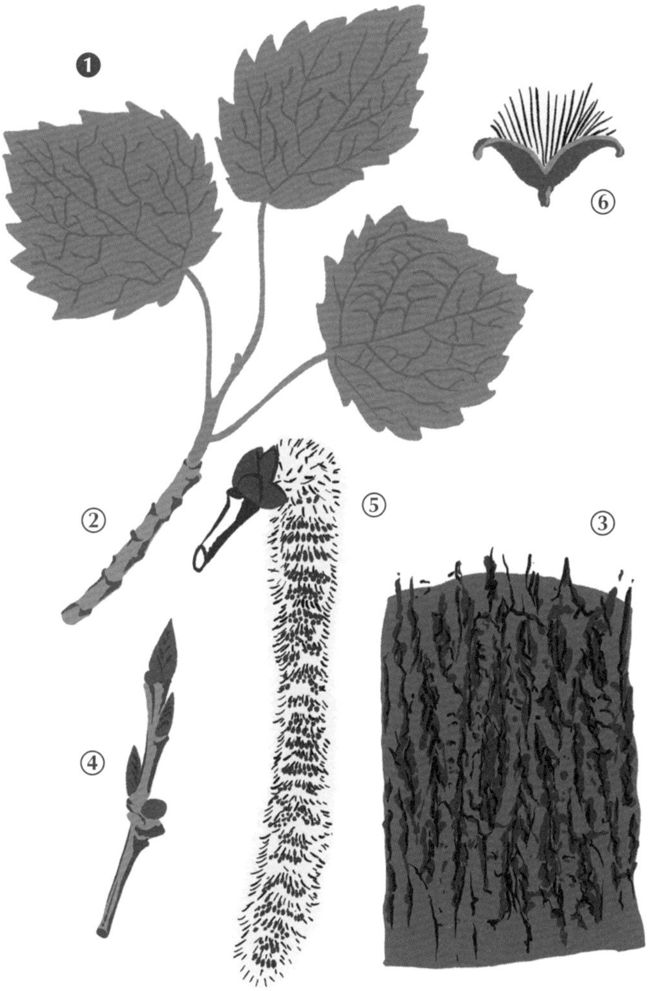

지구에서 가장 오래 산 생물

세상에 알려진 가장 나이가 많은 생물은 8만 년을 살고 있는 북미사시나무*Populus tremuloides*들로 하나의 군락을 이루며 살고 있다. 판도Pando('뻗어나간다'라는 의미를 가진 라틴어 단어)라는 별칭으로 불리는 이 북미사시나무 군락은 미국 유타주에 있으며 수만 그루의 나무들이 동일한 하나의 뿌리를 공유하고 있어 진정한 단일 종의 정수를 보여준다.

Salix alba

흰버드나무

아스피린으로 더 잘 알려진 아세틸살리실산은 전 세계에서 사람들이 가장 많이 복용하는 약이다. 흰버드나무의 껍질에 함유된 천연 살리신은 이집트의 파피루스에 언급되었고, 히포크라테스가 통증과 열을 가라앉히기 위해서 이 나무의 껍질을 달인 물을 처방했을 정도로 아주 오래전부터 사용된 물질이다.

목: 버드나무목 | **과:** 버드나무과 | **속:** 버드나무속 | **버드나무속의 수종:** 300여 종

어디에서 볼 수 있을까?

흰버드나무는 물을 좋아한다. 큰 강과 하천의 둑 인근, 호숫가 및 냇가에서 볼 수 있다. 흰버드나무는 토양에 수분이 충분하면 폭염과 바람, 도시 공해를 잘 견딘다. 중부 유럽과 아시아 전역에서 볼 수 있다.

평균 수령
70년

성장 속도
꽤 빠름
(15년 동안 약 10미터)

형태
큰 가지들은 위로 뻗어 올라가며, 줄기는 짧고 굵다. 나무 꼭대기가 넓고, 바람에 흔들리는 잎들이 아름다운 수관을 만든다.

① **잎:** 길이는 4~10센티미터이고, 은빛 털로 덮인 긴 피침 모양이다. 잎자루가 아주 짧다. 앞뒤로 잎이 부드럽지만 특히 뒷면이 더 보들보들하다.

② **잔가지:** 가늘고 유연하며 곧고 길다. 잔가지로 바구니를 만든다.

③ **수피와 목재:** 회색 수피는 두껍고 울퉁불퉁하며 거칠고 깊게 갈라진다. 목재는 희고 무르다.

④ **눈:** 눈껍질 1개로 덮인 눈은 크기가 작고 잔가지에 납작하게 달라붙어 있다.

⑤ **꽃:** 꼬리모양꽃차례로 피는 수꽃은 활짝 펼쳐져 있고 금색 수술 2개가 위로 솟아 있다. 꼬리모양꽃차례로 피는 암꽃은 더 촘촘하게 붙어 있어 식욕을 돋우는 수플레처럼 생겼다.

⑥ **열매:** 삭과이다. 털이 없고, 열매 자루가 거의 없다.

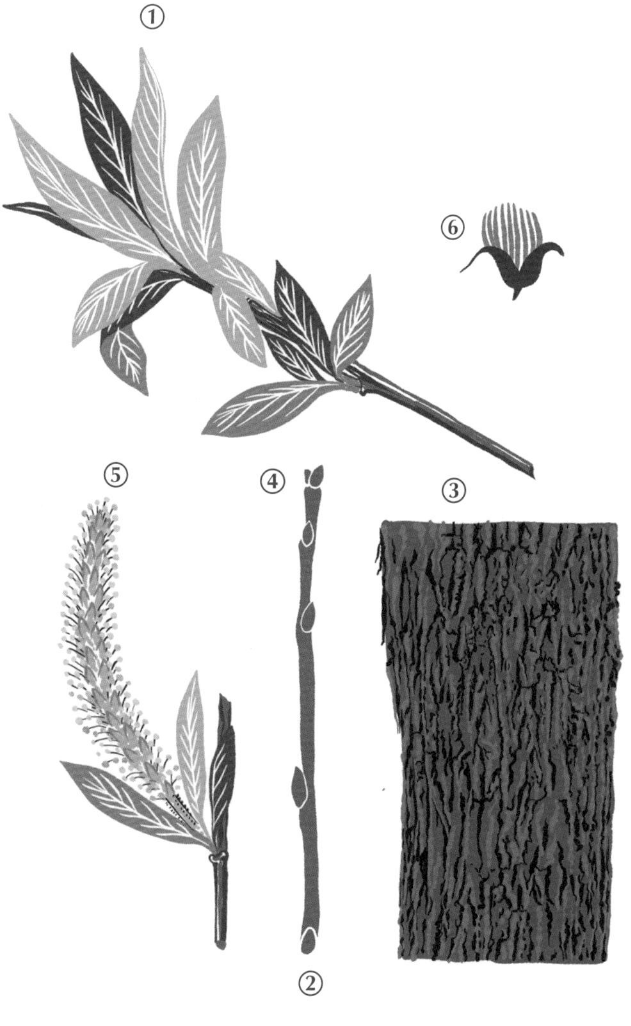

끝없는 영감의 원천

버드나무를 좋아하던 시인으로는 알프레드 드 뮈세를 꼽을 수 있다. "나의 사랑하는 친구들이여, 내가 죽는 날이 오면, / 내 무덤에 버드나무 한 그루를 심어주게나 / 우는 듯한 잎들이 좋네 / 버드나무의 창백한 분위기는 내게 부드럽고 소중하지, / 그리고 버드나무의 그림자는 가벼울 거야 / 내가 잠이 들 땅에서는 말일세"

Salix babylonica

수양버들

버드나무를 대표하는 수양버들은 흰버드나무*Salix alba*에서 파생된 특이 수종이지만 따로 독립해도 될 만한 나무이다. 유연하고 잘 휘는 잔가지가 길게 아래로 늘어져 이따금 호수와 하천 물속으로까지 들어가 그 유명한 그림 같은 모습을 만들어내면서 로맨틱한 물결을 일으키고 수많은 시인에게 영감을 주었다.

목: 버드나무목 | **과:** 버드나무과 | **속:** 버드나무속 | **버드나무속의 수종:** 300여 종

어디에서 볼 수 있을까?

주로 호숫가, 강가, 하천가에서 볼 수 있다. 수양버들은 습하고 영양분이 풍부한 토양, 진흙과 순수 점토를 좋아하기 때문이다. 바람이 부는 날씨와 도시 환경도 잘 견딘다. 중국 전역에 분포되어 있으며 실크로드를 따라 서남아시아와 유럽으로 전파되었다.

평균 수령	성장 속도	형태
70년	빠름	수양버들의 잔가지가 아래로 처져 땅바닥까지 닿고 바람에 나풀거리는 그림 같은 모습이 가장 큰 특징이다.

① **잎:** 회색빛이 도는 청록색이다. 잎이 길고(8~16센티미터), 잎자루가 짧다.

❷ **잔가지:** 옅은 갈색이다. 매우 길고 무척 유연하다. 아래로 처져 있다.

③ **수피와 목재:** 수피는 옅은 회색이고, 깊게 갈라져 얽혀 있다. 목재는 색이 밝고 견고하지만 목공 작업을 하기 힘들다.

④ **눈:** 특징이 꽤 뚜렷한 눈은 잔가지에서 바로 돋아나고 눈껍질이 단 1개이다.

⑤ **꽃:** 짧은 꽃자루에 달린 꽃은 크기가 작고 가냘프다. 꼬리모양꽃차례로 피는 암꽃의 포는 노랗고, 암꽃처럼 꼬리모양꽃차례로 달리는 수꽃은 포가 초록색이다.

⑥ **열매:** 끝이 뾰족한 달걀 모양의 삭과이다. 열매가 두 갈래로 열리면서 하얗고 기다란 실이 달린 씨앗들을 날려 보낸다.

빅토르 위고의 시 「새들 Les oiseaux」 중에서
"5월이 그들을 다시 데려오는 순간, 오 몽상가여, 우리는 이렇게 말하네 / 저기 있다! 돌, 작은 언덕, 잔디 모두 감동하네 / 가장 키가 작은 나무는 말을 하고, 풀은 황홀해하네 / 수양버들이 자신의 문장을 완성하며 노래를 부르네"

Sequoiadendron giganteum · Sequoia sempervirens

자이언트세쿼이아·세쿼이아

19세기에 독일 식물학자가 거대한 두 나무, 자이언트세쿼이아와 세쿼이아(레드우드)를 소개하면서 세쿼이아속이 도입되었다. 그 이후 미국 식물학자 존 테오도르 벅홀츠John Theodore Buchholz가 이 두 나무를 '세쿼이아덴드론*Sequoiadendron*'과 '세쿼이아*Sequoia*', 두 종으로 명확하게 구분했다.

목: 구과목 | **과:** 낙우송과 | **속:** 세쿼이아속 | **세쿼이아속의 수종:** 1종+1종

어디에서 볼 수 있을까?

미국의 태평양 연안이 원산지인 세쿼이아는 거대한 숲을 형성하고 있다. 자이언트세쿼이아는 해발 2,500미터까지의 지대에서 볼 수 있다. 두 나무 모두 서늘하고 토심이 깊은 토양, 점토질 및 모래질 토양, 영양분이 풍부하고 알칼리성인 토양을 좋아한다. 장기간 지속되는 건조한 날씨는 힘들어하고, 어린나무일 때는 추위에 민감하다.

평균 수령	**성장 속도**	**형태**
자이언트세쿼이아는 3,000년, 세쿼이아는 2,000년	빠름 (20년 동안 18미터)	키가 100미터까지 자랄 수 있다. 세계에서 가장 큰 나무이다. 세쿼이아는 자이언트세쿼이아보다 줄기가 더 가늘고, 나무의 꼭대기는 덜 고르다. 주로 나무의 윗부분은 잎이 무성하지 않고 가지가 아래로 늘어져 있기 때문이다.

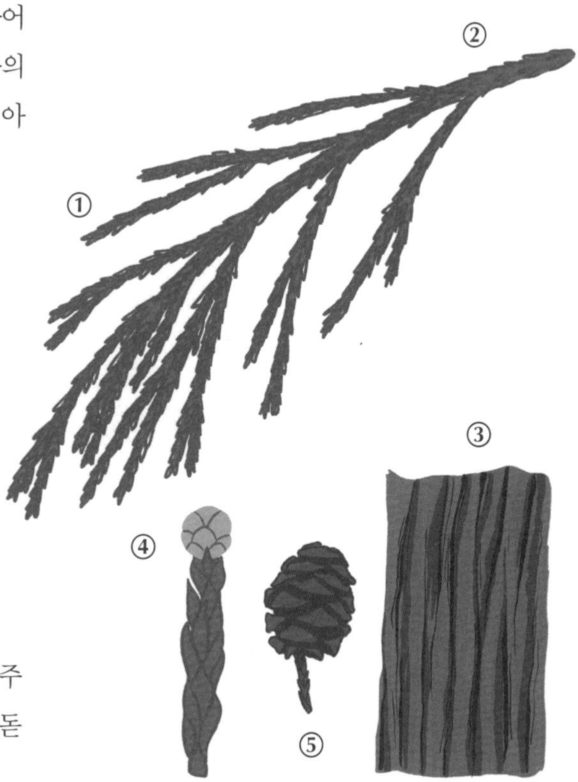

① **바늘잎:** 자이언트세쿼이아는 잔가지를 둘러싸며 나선상으로 돋아나는 연녹색 바늘잎이 매우 조밀하게 붙어 있다. 잎에서 아니스 허브 향이 살짝 난다. 세쿼이아의 바늘잎은 선형이며 아주 납작하다. 자이언트세쿼이아의 바늘잎보다 폭이 넓고 더 짙은 청록색이다.

② **잔가지:** 긴 가지(장지)와 짧은 가지(단지), 두 종류가 있다. 짧은 가지는 몇 년이 지나면 떨어진다.

③ **수피와 목재:** 수피는 섬유질이며 매우 두껍고 촉감이 부드러운 편이며, 예쁜 주홍색이다. 목재는 붉은색을 띠고 내구성이 무척 좋다. 하지만 자이언트세쿼이아의 목재는 무른 편이다. 세쿼이아의 목재는 오두막과 목조 주택을 지을 때 건축재로 사용된다.

④ **원추체:** 소포자엽이 여러 개 달린 폴렌원추체는 아주 작은 원뿔 모양으로 겨자색이며, 잔가지의 끝에서 돋아난다.

⑤ **종자원추체:** 자이언트세쿼이아의 종자원추체는 작은 공 모양이다. 초록색이었다가 밤색으로 변한다. 단독으로 나온다. 망치로 두드려 납작해진 못의 머리처럼 생긴 인편으로 이루어져 있다. 세쿼이아의 종자원추체는 이와 비슷하게 생겼으나 크기가 훨씬 작다.

눈: 연한 노란색 눈은 숨어 있다. 눈껍질이 없다.

압도적인 나무

자이언트세쿼이아는 세계에서 가장 큰 나무이다. 미국 세쿼이아국립공원에 있는 '제너럴 셔먼 트리General Sherman Tree'는 높이가 84미터, 나무 밑부분의 지름이 11미터에 달한다. 부피는 1,500세제곱미터로 500제곱미터 이상의 아파트와 맞먹는다! 게다가 자이언트세쿼이아와 세쿼이아 목재는 모두 내구성이 가장 좋은 목재로 꼽히는데, 특히 세쿼이아 목재는 세계적으로 가장 많이 찾고 가격도 높은 편이다.

Taxodium distichum

낙우송

낙우송은 바늘잎이 떨어지고 '뿌리가 숨 쉰다'는 특징이 있어 다른 나무와 헷갈릴 수 없다. 연못가에서 자라는 낙우송은 가을이 되면 적갈색 바늘잎이 물에 반사되고 소낙비에 우수수 떨어지는 멋진 광경을 선사한다.

가을 잎

목: 구과목 | **과:** 측백나무과 | **속:** 쿠프레수스속 | **쿠프레수스속의 수종:** 약 20종

어디에서 볼 수 있을까?

보통 줄기가 물이나 진흙에 잠겨 있다. 낙우송은 조용히 빛을 받을 수 있는 보호받는 공간을 좋아하고, 습한 토양에서 빠른 속도로 자란다. 어린 낙우송은 추위에 민감하고, 나이가 많은 낙우송은 산성이 너무 강한 토양을 싫어한다. 미국 노스캐롤라이나에는 수령이 2,600년이 넘는 낙우송이 살고 있다. 미국 남동부에 많이 분포되어 있다.

평균 수령	성장 속도	형태
600년	빠름	키가 큰 나무이고(키가 50미터까지 자랄 수 있다), 잎이 낙엽성이다. 늪지대에서 흔히 볼 수 있다. 뿌리가 땅 위로 솟아 올라오면서 매우 특이하게 원뿔 모양의 돌기가 되는데, 이를 공기뿌리(기근)라고 부른다.

❶ **바늘잎**: 낙엽성으로 겨울에 떨어져 땅에 두터운 매트리스처럼 쌓인다. 바늘잎은 납작하고, 황록색에서 주홍색으로 변한다.

② **잔가지**: 두 종류로 나뉜다. 하나는 바늘잎과 함께 떨어지고 눈을 가지고 있다. 다른 하나는 떨어지지 않고, 그 위에 바늘잎이 나선상으로 달린다.

③ **수피와 목재**: 적갈색 수피는 섬유질이고 가늘게 떨어진다. 목재는 가볍고 연하며, 습도에 무척 강하다.

④ **눈**: 초록색이다. 크기가 작고, 공 모양이다.

⑤ **원추체**: 배주원추체는 연녹색이며 끝이 약간 뾰족한 달걀 모양이다. 폴렌원추체의 아래쪽 잔가지에 한데 모여서 난다. 배주원추체보다 크기가 더 작고 더 많이 돋아나는 폴렌원추체는 이삭 모양으로 한데 모여 길게 달려 있다.

⑥ **종자원추체**: 호두 정도의 크기인 종자원추체는 땅에 떨어지자마자 벌어진다.

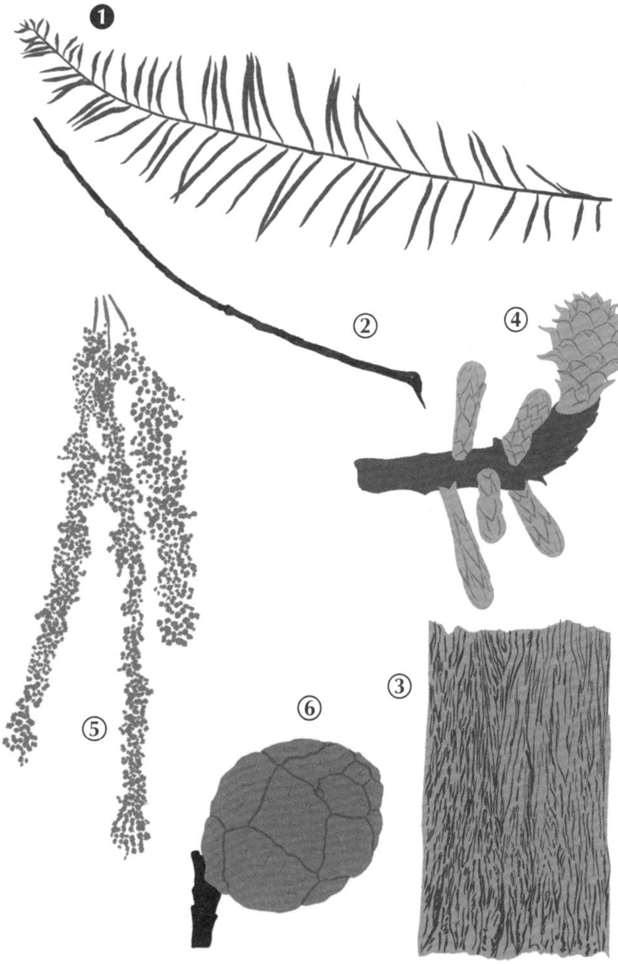

야외용 목재

늪지와 둑에서 자라는 낙우송은 놀라운 능력이 있다. 심재가 내구성이 굉장히 좋아 낙우송의 목재(이상하게도 검은 낙우송, 붉은 낙우송, 노란 낙우송이라는 이름으로 판매된다)는 다리나 테라스, 난간과 같은 야외 대형 구조물을 만드는 데 사용된다.

Tilia cordata

작은잎피나무

자연 상태에서 아주 널리 확산된 작은잎피나무는 잎이 작지만 전체적인 모습은 굉장히 멋지다. 다른 피나무와 마찬가지로 작은잎피나무의 꽃과 잎은 고대 그리스·로마 시대부터 의료뿐만 아니라 미용 분야에서도 효능이 좋기로 유명했다.

목: 아욱목 | **과:** 피나무과 | **속:** 피나무속 | **피나무속의 수종:** 30종

어디에서 볼 수 있을까?

작은잎피나무는 시골 나무로 도시를 좋아하지 않는다. 적윤지 토양을 좋아하고, 너무 습하고 산성이 아주 강한 토양을 싫어한다. 더위를 잘 견디지 못하는데, 그래도 사촌인 넓은잎피나무보다는 덜 힘들어한다. 유럽과 코카서스, 서아시아 지역에서 볼 수 있다.

평균 수령	성장 속도	형태
800년	비교적 느림 (20년 동안 10미터)	사촌인 넓은잎피나무처럼 큰 나무로, 수관이 잎과 가지로 무성하며 정적인 분위기를 풍긴다.

① **잎**: 크기가 꽤 작고(길이 약 6센티미터) 세로보다 가로가 더 길다. 솜털이 없고 촉감이 부드러우며 짙은 초록색이다. 뒷면은 살짝 은빛이 돈다. 가장자리에는 가는 톱니가 있다.

② **잔가지**: 매끄럽고 윤이 난다. 녹갈색 또는 붉은색이다.

③ **수피와 목재**: 옅은 회갈색 수피는 가늘게 갈라지면서 틈이 꽤 벌어진다. 나이가 아주 많은 경우 수피가 많이 갈라져 참나무의 수피를 떠올리게 한다. 흰색 목재는 내구성이 좋지 않고, 그림을 그리는 데 쓰는 목탄을 제작할 때 사용된다.

④ **눈**: 자주색이며 작은 공처럼 생겼다. 눈껍질 2개가 잘 보인다.

⑤ **꽃**: 크림색이다. 취산꽃차례로 달리는 작은 꽃들은 황록색 포와 연결된 긴 꽃대의 끝에 모여 있다.

❻ **열매**: 껍질이 단단하고 눈에 보이는 능선이 없다. 작은 공 모양으로 짧고 아주 가는 털이 덮여 있다. 낡은 축구공 미니어처같이 생겼다.

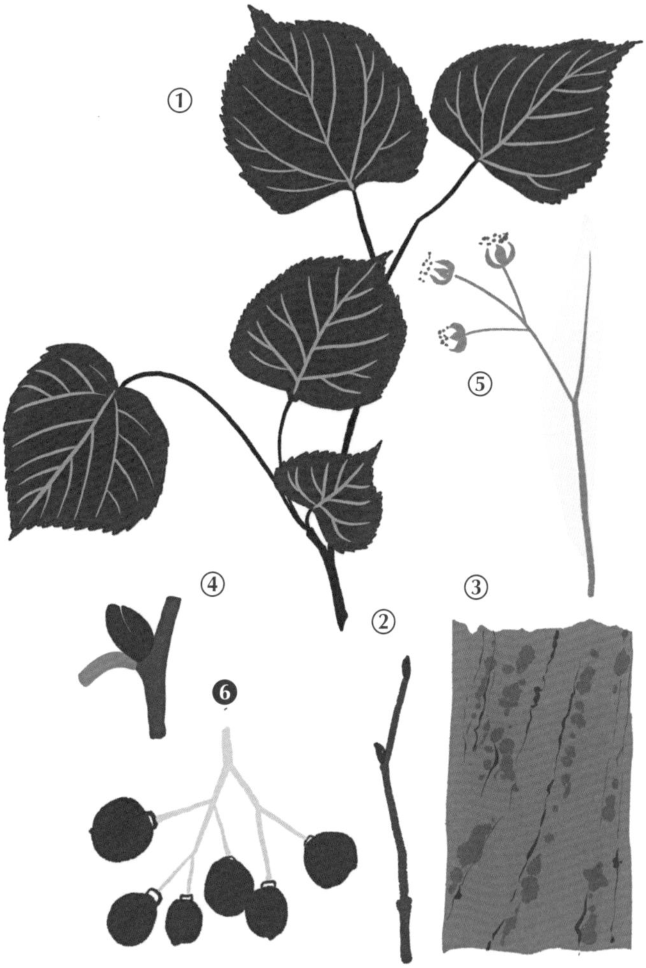

살균제이자 맛 좋은 꿀

피나무의 꽃은 꿀이 난다. 연한 노란색의 피나무 꿀은 멘톨 향이 은은하게 나 시원하면서 살짝 쓴맛이 나서 애호가들의 넋을 빼놓을 정도이다. 의외로 살균 효과가 있어 고대 그리스 시대부터 유명했던 탁월한 상처 치료제이다.

Tilia platyphyllos

넓은잎피나무

아름답고 튼튼한 넓은잎피나무는 작은잎피나무보다 더 높고 더 크다. 산속에서 당당한 모습으로 서 있는 나무이다. 농가의 마당이나 길모퉁이에 있는 넓은잎피나무는 항상 시선을 끈다. 넓은잎피나무는 역사적 사건을 기념할 때 기념수로 자주 사용되었고, 사람들의 찬양을 받았던 나무들도 있다. 예컨대 독일 하노버 근교 도시 보케넴의 작은 마을 웁슈테트에 있는 나무는 1100년에 작성된 문서에 언급되기도 했다.

가을 잎

목: 아욱목 | **과:** 피나무과 | **속:** 피나무속 | **피나무속의 수종:** 30종

어디에서 볼 수 있을까?

습한 대기와 서늘한 토양을 필요로 한다. 영양분이 풍부한 토양, 석회질 토양을 좋아한다. 염분과 도시의 공기에 민감하다. 공기가 너무 건조하면 잎응애의 공격을 받는다. 영국 남서부를 포함한 유럽 전역에서 볼 수 있다.

평균 수령
수령이 1,000년이 넘는 나무도 있다.

성장 속도
느린 편이지만 끊임없이 성장한다.

형태
가지가 곧고 잎이 넓다. 크고 작은 가지가 무성하다. 크고 위풍당당한 넓은잎피나무는 줄기가 굵어 튼튼한 인상을 준다.

① **잎:** 잎이 크다(20센티미터까지 자라는 잎도 있다). 잎의 앞면에 흰색의 가는 솜털이 있다. 잎몸이 심장 모양으로 가운데가 살짝 볼록하고, 잎의 가장자리에는 톱니가 있다.

② **잔가지:** 매끄럽고 털이 없다. 빛에 많이 노출될수록 붉은색을 띤다.

③ **수피와 목재:** 수피는 회색이며 깊게 갈라진 껍질 조각들이 서로 얽혀 있다. 목재는 흰색이고 재질이 균일하다.

④ **눈:** 크기가 작은 달걀 모양이다. 털이 듬성듬성 있는 불그스름한 눈껍질 3개로 덮여 있다.

⑤ **꽃:** 황록색이다. 향이 많이 나는 꽃이 3~6개씩 묶여 있다.

⑥ **열매:** 솜털이 있는 작은 견과로 껍질에 5개의 능선이 있다. 껍질이 두껍다. 아주 작은 펀칭 볼처럼 생겼다.

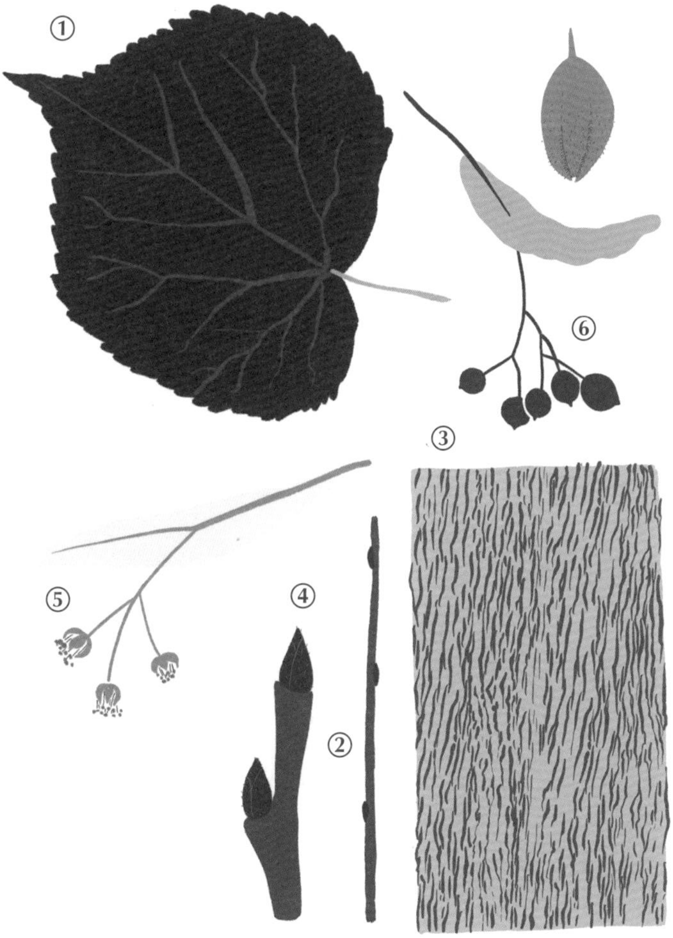

좋은 일을 하는 나무

넓은잎피나무의 변재는 연하고 내구성이 좋으며 탄성이 있다. 쪼개고 물건을 만들기 수월한 변재는 장난감이나 상자, 화판 등을 만들 때 사용된다. 또한 넓은잎피나무의 꽃을 말려 정제유를 만들거나 맛 좋은 차로 마실 수 있다.

Ulmus campestris

유럽들느릅나무

또는 잉글랜드느릅나무

느릅나무를 이야기할 때 느릅나무시들음병(네덜란드느릅나무병)을 빼놓을 수 없다. 네덜란드에서 이 병이 처음 기록되었다. 기생 곰팡이 '그라피움 울미Graphium ulmi'가 느릅나무시들음병을 일으켜 수액의 이동을 막으면서 나무는 죽게 된다. 질병의 매개체는 딱정벌레이다. 그런데 이 딱정벌레가 어떻게 많은 수로 번식하는지 아무도 설명하지 못하는 상황이다.

목: 쐐기풀목 | **과:** 느릅나무과 | **속:** 느릅나무속 | **느릅나무속의 수종:** 약 60종

어디에서 볼 수 있을까?

골짜기나 숲속 비탈길에 있는 유럽들느릅나무는 살짝 그늘진 지대를 좋아하고, 적당히 습하고 토심이 깊으며 경작이 잘되는 토양에서 잘 자란다. 중세 시대부터 느릅나무는 여러 마을의 관상용 나무였으나 느릅나무시들음병 때문에 거의 사라졌다. 영국, 스칸디나비아, 노르웨이 북부와 그린란드 남단에서 숲을 이루고 있다.

평균 수령	성장 속도	형태
400년. 느릅나무시들음병이 덮치지 않으면 더 오래 산다.	꽤 빠름 (20년 동안 10미터)	유럽들느릅나무는 참나무처럼 큰 나무가 될 수 있다(30미터, 거의 40미터까지는 무난히 자랄 수 있다). 하지만 느릅나무시들음병으로 인해 아름다운 느릅나무 대부분이 사라졌고 그 그루터기만 남았다.

① **잎:** 어긋나기 잎차례이다. 잎은 달걀 모양이고 잎자루가 뚜렷하게 보이며 가장자리에 불규칙한 이중 톱니가 있다. 잎몸은 중간 크기(길이 8~10센티미터, 폭 4~5센티미터)로 갈라지지 않고, [잎몸 아래쪽에] '잎귀'가 하나 나온다. 잎의 아랫부분 좌우가 비대칭이다.

② **잔가지:** 잔가지에 코르크질의 돌기가 발달하는데, 판지로 만든 레이스처럼 생겼다.

③ **수피와 목재:** 회색 수피는 처음에 매끄럽다가 시간이 흐르고 나무의 나이가 많아지면 홈이 깊게 패여 갈라진다. 불그스름한 목재는 무겁고 단단하다. 과거 선박용 목재, 고급 가구재, 목공재로 사용되었다.

④ **눈:** 눈껍질로 덮인 눈은 비스듬하게 돋아나며, 크기가 작고 달걀 모양이다.

⑤ **꽃:** 양성꽃이다. 꽃자루가 거의 없다. 분홍색과 다홍색 꽃들이 한데 묶여 있다.

⑥ **열매:** 헬리콥터 날개처럼 생긴 긴 타원 모양의 시과이다. 열매가 성숙하지 않을 때 중앙 부분은 연한 양홍색이다.

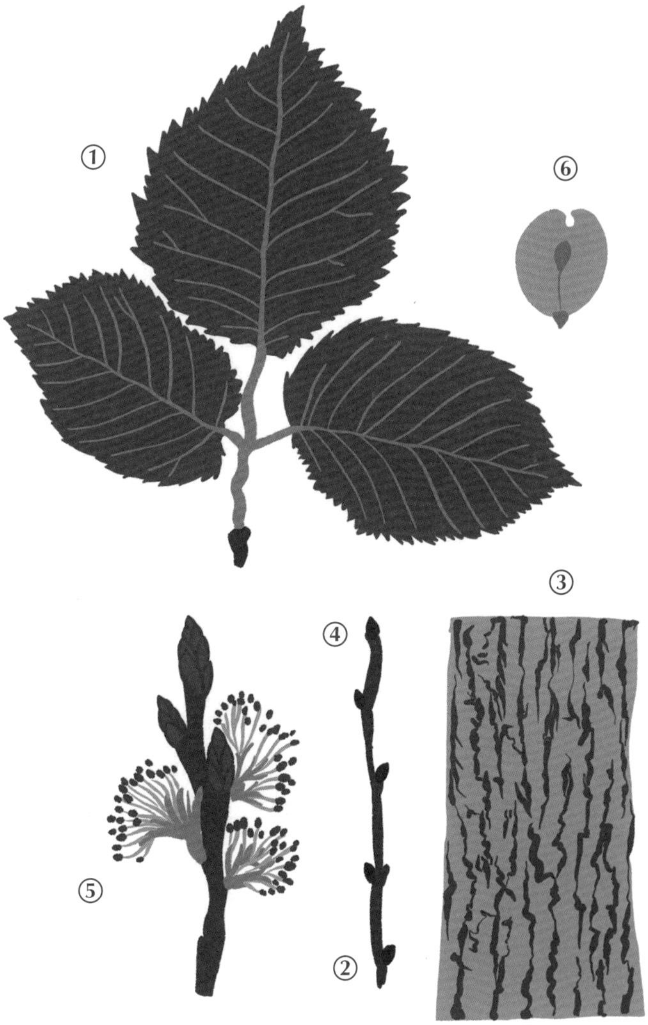

느릅나무시들음병

호리호리한 밑줄기와 늠름한 수관을 뽐내는 느릅나무의 당당한 모습을 미래에 다시 볼 수 있겠지만, 안타깝게도 지금 당장은 느릅나무시들음병의 치료제가 없는 상황이다. 이 병에 걸려 가지와 줄기를 다 자르고 남은 느릅나무의 그루터기가 살아남아서 산울타리로 자라는 모습이 발견되기도 한다. 이러한 모습은 들과 숲이 있는 지대에서, 그리고 산울타리로 살아남는 느릅나무의 끈질긴 생명력을 보여준다.

Ulmus montana

유럽산느릅나무

유럽산느릅나무는 풍경 속 길잡이처럼 고독하게 서 있다. 아름다운 모습만큼이나 크기도 큰 유럽산느릅나무는 목재의 색 때문에 '흰느릅나무'라는 별칭이 있다. 목재가 단단해 조상들은 이 나무로 바퀴, 수레의 부품, 골조, 마구 등을 만들었다.

목: 쐐기풀목 | **과:** 느릅나무과 | **속:** 느릅나무속 | **느릅나무속의 수종:** 약 60종

어디에서 볼 수 있을까?

해발 1,400미터까지의 지대에서 유럽산느릅나무를 만날 수 있다. 응달에서도 잘 견딘다. 물을 많이 찾는 나무이다. 미네랄이 풍부하고 토심이 깊은 토양, 석회질 토양, 산성을 약하게 띠는 토양을 좋아한다. 습한 공기를 선호한다.

평균 수령	**성장 속도**	**형태**
200년	빠름	가지들이 구불구불하고 옆으로 뻗어나가면서 수관과 나무 꼭대기가 넓게 형성된다.

① **잎:** 유럽들느릅나무의 잎보다 뚜렷하게 더 크다(18센티미터까지). 잎의 가장자리에 이중 톱니가 있으며, 잎자루가 아주 짧다.

② **잔가지:** 짙은 회색이고, 코르크질의 돌기는 없다.

③ **수피와 목재:** 수피가 처음에는 매끄럽다가 납작한 껍질로 길게 갈라진다. 유럽들느릅나무의 목재보다 색이 더 밝다(그래서 별칭이 '흰느릅나무'이다). 목공소에서 가구재로 쓴다.

④ **눈:** 자주색이며 털이 나 있다. 크고 끝이 살짝 뾰족하며 단단해 보인다.

⑤ **꽃:** 불그스름한 꽃들이 작은 다발로 묶여 있다.

⑥ **열매:** 열매가 많이 나온다. 구겨진 날개처럼 생긴 시과이다. 끝에 씨 1개가 숨어 있다.

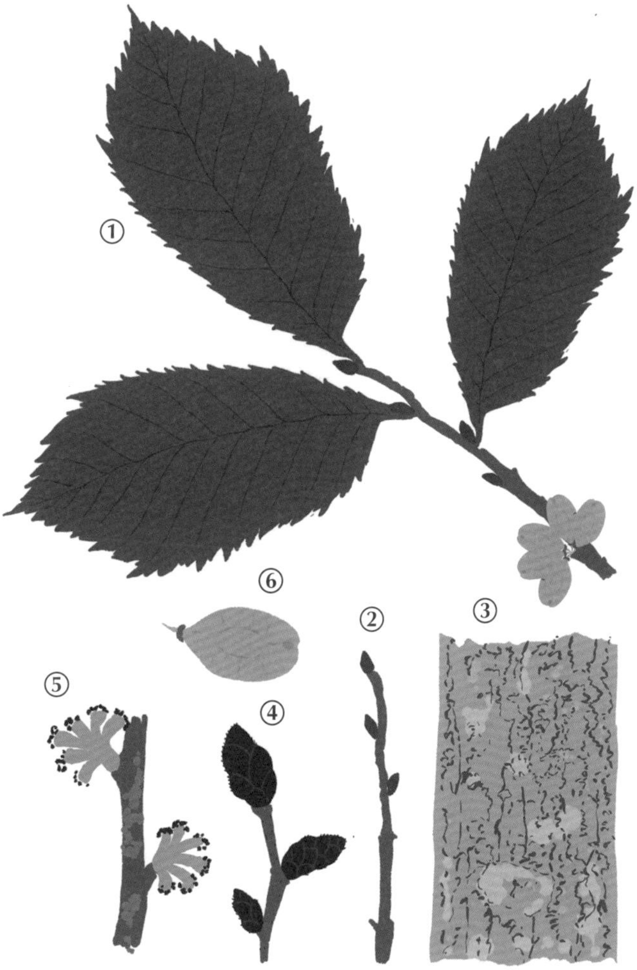

느릅나무 잎으로 만든 슈크루트

오랫동안 중앙 유럽에서는 유럽산느릅나무의 잎을 슈크루트choucroute처럼 발효시켜 먹거나 샐러드의 재료로 사용했다. 씨앗은 헤이즐넛 같이 부드러운 맛이 나 요리에 곁들였다. 농부들에게 유럽산느릅나무 가지치기하는 날은 가축들의 사료를 만드는 날이었다.

Adansonia digitata

바오바브나무

남아프리카공화국 트자넨 지역에 있는 '빅 바오바브Big Baobab'라고 불리는 바오바브나무(바오밥나무)는 둘레가 47미터로 세상에서 가장 큰 바오바브나무이다. 그런데 1993년 이 나무가 있는 땅의 소유자들이 줄기를 비워내고 스탠드바를 만들었다! 이런 정신 나간 짓을 당했음에도 바오바브나무에는 해마다 눈이 돋아나고 있다.

목: 아욱목 | **과:** 물밤나무과 | **속:** 바오바브나무속 | **바오바브나무속의 수종:** 8종

어디에서 볼 수 있을까?

바오바브나무는 건조하고 배수가 잘되며 석회질의 토양에서 잘 자란다. 빛을 충분히 많이 받는 환경과 뜨거운 날씨를 필요로 한다. 기온이 섭씨 12도 이하로 내려가면 바오바브나무는 힘들어한다. 줄기에 물을 저장하기 때문에 아주 적은 양의 빗물만 있으면 된다. 아프리카 대륙과 예멘, 오만 등에서 많이 볼 수 있다.

평균 수령
2,000년

성장 속도
느림

형태
'병나무'(보틀 트리bottle tree)라고 불리는 바오바브나무는 많은 물을 저장할 수 있게 줄기가 굵거나 볼록해서 눈에 띄는 데다가, 수관도 옆으로 퍼지고 납작해 시선을 확 끌어 쉽게 알아볼 수 있다.

① **잎**: 달걀 모양의 작은 잎 5~9장으로 이루어진 겹잎이다. 바오바브나무의 잎은 부드럽고 윤이 나며, 길이 20센티미터까지 자랄 수 있다.

② **잔가지**: 털이 없고 구불구불한 잔가지는 뿌리처럼 생겼다. 그래서 바오바브나무의 별명이 '뒤집혀 있는 나무upside down tree'인 것이다.

❸ **수피와 목재**: 수피는 회색이고 섬유질이며 매끄럽다. 빛을 아주 잘 끌어당겨 가끔 은빛이라는 생각이 들 정도이다. 목재는 너무 무르고 쉽게 부서지며, 물로 가득 차 있다. 줄기에 수천 리터의 물을 담을 수 있어 진정한 물탱크라고 할 수 있다. 이런 이유로 바오바브나무의 목재는 거의 사용되지 않으나, 카누를 만드는 재료로 쓰였다.

④ **눈**: 초록색의 작은 구슬 모양이다.

⑤ **꽃**: 흰색 꽃은 긴 꽃자루의 끝에 달려 아래로 처져 있다. 꽃이 무척 인상적으로 생겼다. 흰색 꽃부리에 수많은 수술이 둥글게 모여 있고, 여기에 암술 하나가 돌출되어 올라와 있다. 밤에 피는 하루살이 꽃에는 꽃꿀이 아주 많다. 박쥐들이 바오바브나무의 꽃꿀을 엄청나게 좋아한다!

⑥ **열매**: '원숭이의 빵'이라 불리는 바오바브나무의 열매는 식용이 가능하다. 과육에 함유된 비타민 C는 오렌지보다 2.5배 풍부하고, 칼슘은 우유보다 2.5배 많으며, 칼륨은 바나나보다 6배 많다.

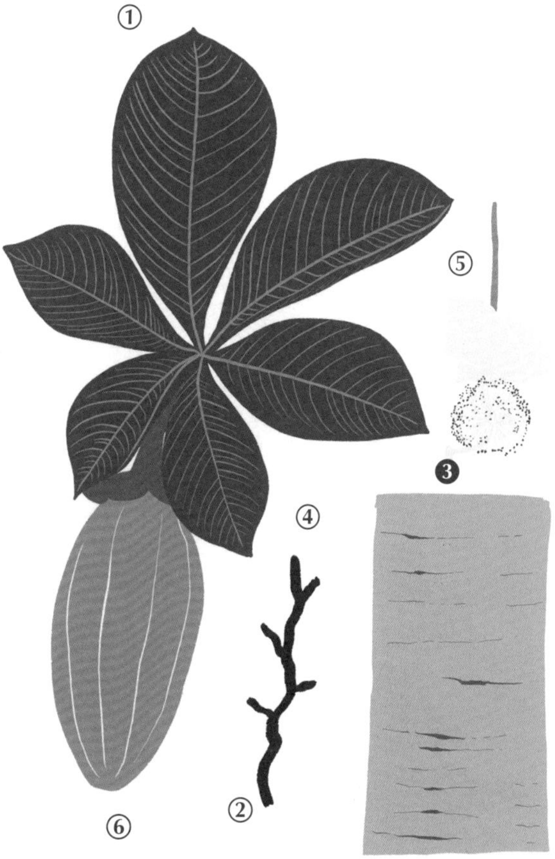

천 개의 전설을 가진 나무

아프리카에서 바오바브나무는 수많은 전설의 중심에 있다. 서아프리카 국가 베냉의 폰Fon 부족에게 바오바브나무는 나쁜 영혼으로부터 몸을 피하는 은신처이다. 남아프리카 잠비아에서는 바오바브나무에 귀신 구렁이가 들러붙어 있다고 믿었다. 프랑스 작가 앙투안 드 생텍쥐페리의 소설 『어린 왕자』에서 소행성 B612가 파괴되지 않으려면 침략 식물인 바오바브나무가 제거되어야 한다고 묘사되었다.

Cedrus libani · Cedrus atlantica

레바논삼나무·아틀라스삼나무

레바논삼나무는 레바논의 상징으로 국기에도 그려져 있다. 1920년, 당시 대레바논국 선언문에 "늘 푸른 레바논삼나무는 잔혹한 과거를 겪었지만 항상 젊은 국민이다. 어떤 억압이 오더라도 결코 굴복하지 않는 레바논삼나무는 결집의 표상이다. 하나가 되어 모든 공격을 물리칠 것이다."라는 문장이 있다.

목: 구과목 | **과:** 소나무과 | **속:** 개잎갈나무속 | **개잎갈나무속의 수종:** 4종

어디에서 볼 수 있을까?

이름에서 알 수 있듯이 아틀라스삼나무의 원산지는 북아프리카이고, 레바논삼나무는 중동에서 온 나무이다. 두 나무의 생장 조건은 더위, 햇빛, 겨울비, 균형이 잘 잡힌 토양으로 거의 같다. 레바논, 시리아, 동부 지중해의 높은 산맥에서 볼 수 있다.

평균 수령
2,000년

성장 속도
꽤 빠름
(20년 동안 12미터)

형태
레바논삼나무와 아틀라스삼나무는 처음에 피라미드 모양이었다가 세월이 흐르면서 멋진 나무가 된다. 두 나무 모두 거대하고 (높이 40~60미터), 꼭대기는 납작해 상판 모양이다.

① **바늘잎:** 청록색의 뾰족한 바늘잎이다(아틀라스삼나무의 잎은 2센티미터, 레바논삼나무의 잎은 2.5센티미터이다).

② **잔가지:** 가는 솜털이 있고 바늘잎이 잔가지를 덮는다.

③ **수피와 목재:** 어두운 회색의 수피는 가늘게 갈라진다. 목재는 황백색이고 향이 나며, 심재는 주황빛을 띠는 분홍색이다. 이제는 삼나무의 목재를 사용하지 않는다. 현재 레바논삼나무와 아틀라스삼나무는 보호·관리를 받고 있어 관상용 나무로 쓰인다.

④ **원추체:** 배주원추체는 초록색의 작은 원뿔 모양이다. 배주원추체보다 더 크고 굵은 폴렌원추체는 꽃가루가 많고, 소포자엽도 무수히 많다.

⑤ **종자원추체:** 윗부분이 납작한 큰 통처럼 생겼다. 해마다 떨어지지는 않고 2년에 한 번씩 넓은 인편으로 떨어져 나간다. 인편 하나에 씨 2개가 있다.

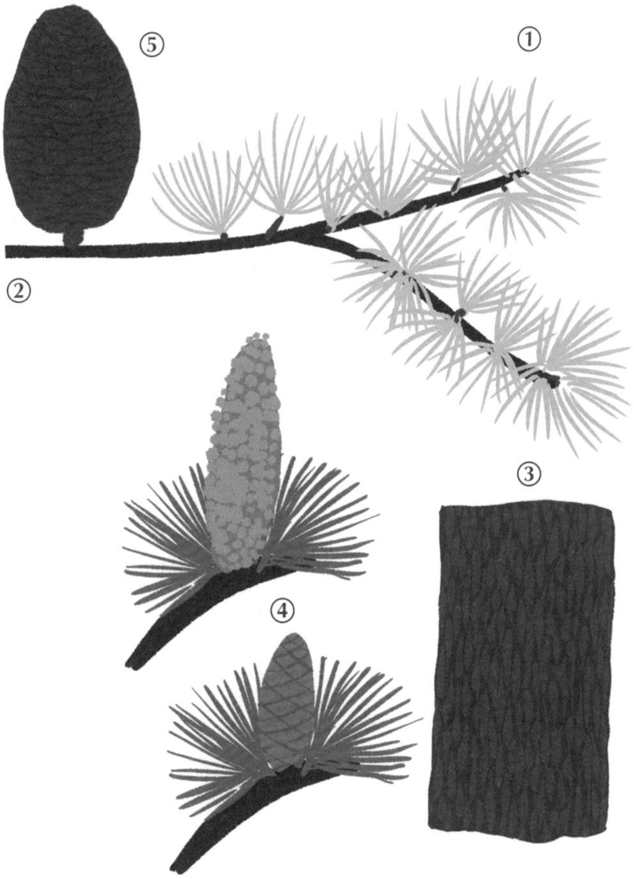

특유의 냄새

삼나무cedar의 목재에서는 특이한 냄새가 난다. 수천 년 전부터 곤충과 벌레를 쫓아내 주는 목재로 유명했다. 목재가 거의 썩지 않아서 오랫동안 선박과 사르코파구스(관)를 만드는 데 사용되었다.

Cocos nucifera

코코야자

야자나무과에는 여러 개의 아과subfamily와 약 250개의 속이 있다. '누시페라*nucifera*'는 코코스속*Cocos*의 단일 종이며, 실제로 어디서 왔는지 아무도 모른다. 연구자들이 인도와 뉴질랜드처럼 서로 연관성이 전혀 없는 전 세계 지역 곳곳에서 코코넛(코코야자의 열매)의 화석을 발견했다.

목: 야자나무목 | **과:** 야자나무과 | **속:** 코코스속 | **코코스속의 수종:** 약 4,000종

어디에서 볼 수 있을까?

아시아와 오세아니아 열대 연안이 원산지인 코코야자는 16세기 범열대 식물이 되었다. 오늘날 전 세계 90여 개국에서 재배되는 코코야자는 뜨거운 햇빛과 더위, 영양분이 풍부하고 모래질의 토양을 좋아한다.

평균 수령
100년

성장 속도
빠름

형태
코코야자는 높이 30미터까지 자라며 잎들이 만든 넓은 수관이 나무의 위쪽에 위치한다.

① **잎:** 길이가 길고 상록성이다. 쓰임이 무척 다양하며, 특히 지붕 덮개와 바구니, 종이를 만들기도 한다.

② **줄기와 목재:** 코코야자의 줄기는 꽤 가는 편이다. 내구성을 높여줄 수염뿌리가 나무 밑부분에 있다. 꽤 매끄러워 보이는 연회색 줄기에는 규칙적인 흔적이 보이는데, 나무에서 돋아난 잎이 줄기에 반달 모양의 잎자국을 남긴 것이다. 사실 엄밀하게 말하자면 코코야자의 줄기는 나이테를 만드는 보통의 나무줄기와는 다르지만 단단하기는 마찬가지여서 집을 짓거나 실내 장식을 하는 데 사용한다.

③ **꽃:** 잎마다 길이 1미터 정도의 뾰족한 불염포 하나가 있다. 자신의 생애 주기가 끝나면 불염포가 쪼개지고, 작은이삭꽃차례의 중심축 주위로 모여 난 꽃들을 내보낸다. 암꽃은 작은이삭꽃차례의 밑부분에 있고, 지름 2~3센티미터의 작은 노란색 공처럼 생겼다. 암꽃보다 수가 더 많은 수꽃은 작은이삭꽃차례의 윗부분을 차지한다.

④ **열매:** 코코넛은 달걀 모양의 큰 열매로 단단하고 초록색이다. 무게가 1.5킬로그램까지 나가기도 한다. 기다란 깃 모양의 잎 사이, 불염포 위에 코코넛이 있다. 씨는 갈색 섬유질 외피가 있다. 흰색 과육을 '배젖'이라고 부른다. 신선한 상태로 먹거나 말려서 먹으며, 코코넛 물도 인기가 아주 많다.

눈: 보통 코코야자는 갈라지지 않는 끝눈 1개에서만 생장한다. 이처럼 중심축이 여러 갈래로 갈라지지 않아 가지가 없다.

코코넛 정맥 주사

코코넛 우유(과육으로 만든 음료)와는 다른 코코넛 물은 무균이며 사람의 혈장과 비슷하다. 그래서 극한 상황에서 코코넛 물을 정맥 주사를 통해 주입해 부족한 당을 채우는 데 사용했다고 한다!

Phoenix dactylifera

대추야자

엄밀히 구분하면 대추야자는 나무가 아니며, '속씨식물'로 꽃을 피우는 외떡잎식물이다.
떡잎이 단 1장(주요 잎이 1장)인 식물군에 속하는 것이다. 대추야자는 피닉스속*Phoenix*의 나무이다.
참고로 야자나무과는 정종려아과와 종려아과를 비롯한 여러 아과로 나뉜다.

목: 야자나무목 | **과:** 야자나무과 | **속:** 250개의 속 | **속의 수종:** 약 4,000종

어디에서 볼 수 있을까?

전 세계 대추야자를 심은 땅의 3분의 1은 이라크에 있다. 우리는 과거 자연 상태의 대추야자에 대해서는 모르고, 2차 자연 상태(경작에서 벗어난 상태)만 알고 있을 뿐이다. 대추야자는 주변에 물이 충분한 상황이라면 건조한 사막을 좋아한다.

평균 수령	성장 속도	형태
200년	꽤 빠름	생일 초처럼 생겼다. 곧두서 있는 잎들이 만든 수관으로 꼭대기가 장식된 줄기는 높고 곧다.

① **잎:** 깃꼴 소엽(길이 40~50센티미터)이 달린 전체 잎(길이 4~5미터)이 길다. 활처럼 휘어 있고, 연녹색이다.

② **줄기:** 과거 잎들의 밑부분이 줄기가 된 것이다.

❸ **열매**: 긴 타원 모양이고 황토색 장과이다.

꽃: 흰색 꽃은 육수꽃차례로 달린다. 아주 향이 강한 갈색 불염포 1장이 꽃차례를 둘러싸고 있다. 꽃대의 길이는 1.2미터이다.

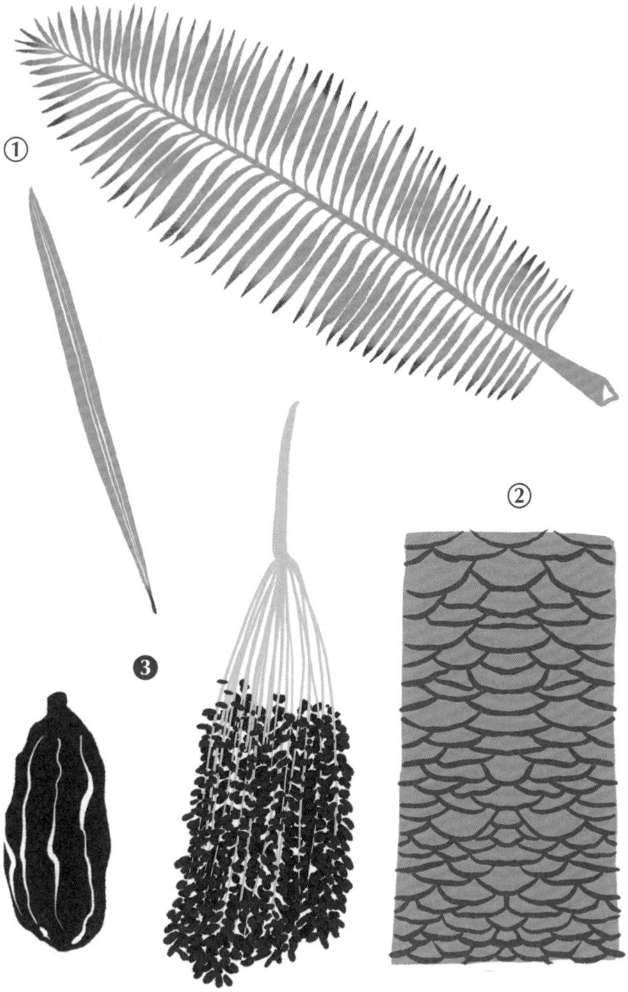

남다른 나무줄기

대추야자의 줄기는 탄력이 있고 놀랄 정도로 단단하다. 그래서 대추야자는 열대 폭풍을 견딘다. 줄기에는 매우 굵은 끝눈 하나가 달린다. 끝눈은 양배추 형태로 잎을 만든 다음, 꽃과 열매를 생성한다.

Pinus pinaster

해안소나무

해안소나무 숲은 보통 나무들이 듬성듬성 있다. 그래서 빈자리에 관목이 무성하게 자라나면서 지중해 관목림이 만들어지고, 모든 생물(새, 설치류, 야생 동물 등)이 사람으로부터 보호받으며 몸을 숨기고 지낼 수 있다.

목: 구과목 | **과:** 소나무과 | **속:** 소나무속 | **소나무속의 수종:** 80여 종

어디에서 볼 수 있을까?

이름에서 알 수 있듯이 해안소나무는 바닷가와 가까운 곳을 좋아한다. 적당히 온화한 기후에서 햇빛을 받으며 배수가 잘되는 모래질 토양에 자리 잡은 해안소나무는 왕이 된 것처럼 만족스럽게 잘 자랄 것이다. 대부분 소나무 숲을 이루며 자란다. 금작화, 히스, 소귀나무와 함께 있다. 포르투갈 중부, 스페인 북부, 프랑스 서부와 튀니지, 알제리 등에서 많이 볼 수 있다.

평균 수령
500년

성장 속도
꽤 빠름
(20년 동안 10미터)

형태
키가 크고(약 30미터까지는 수월하게 자란다) 수관이 활짝 펼쳐진 해안소나무는 나이가 들수록 한쪽으로 기울어진다.

① **바늘잎:** 2개씩 묶인 잎은 아주 길고(가끔 20센티미터를 넘기도 한다) 억세며 뾰족하지 않은 편이다. 연한 회녹색이다.

② **잔가지:** 녹갈색이며, 단단해 보인다.

③ **수피와 목재:** 수피가 유난히 두껍다(이러한 특징으로 해안소나무를 구분할 수 있다). 크게 갈라지고, 갈색이 도는 칙칙한 회색이다. 단단하고 무거운 목재는 붉고 수지가 아주 많으며, 목공에 사용된다.

④ **눈:** 잔가지의 끝에 달린 눈의 껍질은 수지가 있어 끈적끈적하다.

⑤ **원추체:** 꽃자루가 거의 없고 100여 개의 소포자엽으로 이루어진 원뿔 모양의 폴렌원추체는 긴 이삭꽃차례로 달리며, 밝은 노란색이다. 배주원추체는 더 작고 주황빛이 도는 분홍색이다.

⑥ **종자원추체:** 아주 크고(20센티미터까지) 열매 자루가 거의 없다. 불쏘시개로 쓰기에 좋다.

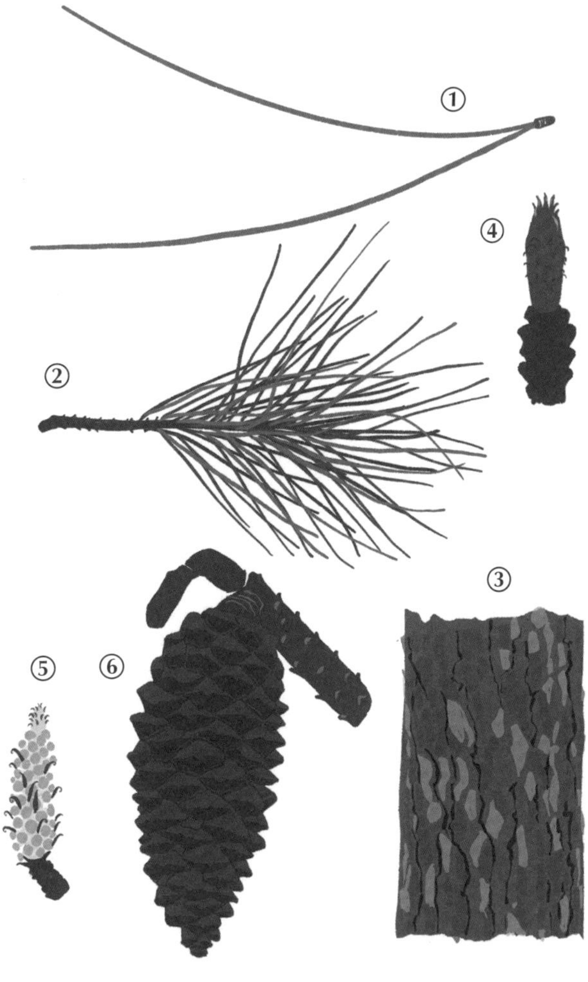

소나무 대 모래

프랑스에서 나무가 심어진 땅 면적의 10퍼센트는 해안소나무가 차지하고 있다. 이는 사람에 의해 만들어진 조림이다. 18세기 말 토목 기사 니콜라 브레몽티에Nicolas Brémontier가 프랑스 남부 랑드 지역의 마을로 모래가 덮치는 일을 막기 위해서 비스케이만의 모래 언덕에 해안소나무를 심는 정비 작업을 했기 때문이다.

Pinus pinea

우산소나무

또는 지중해소나무

우산소나무는 올리브나무, 코르크참나무, 사이프러스와 함께 지중해 풍경을 상징한다.
우산소나무가 관상수로서 지닌 특징과 위풍당당한 모습은 많은 영화인, 시인, 화가에게 영감을 주었다.
산책하는 이들에게는 반가운 그늘이 되어주고 귀뚜라미에게는 잔가지를 내어주는 나무이다.

목: 구과목 | **과:** 소나무과 | **속:** 소나무속 | **소나무속의 수종:** 80여 종

어디에서 볼 수 있을까?

주로 고독하게 서 있는 우산소나무는 토심이 깊고 물이 잘 스며드는 토양, 자갈이 있으며 모래질인 토양을 좋아한다. 스페인, 포르투갈이 속한 이베리아반도와 모로코, 알제리의 지중해 연안에서 볼 수 있다. 주로 구주소나무, 알레포소나무와 함께 있다.

평균 수령	성장 속도	형태
250년	느림	키가 크고(높이가 족히 30미터에 달한다) 우산 모양이다.

① **바늘잎:** 길고 유연하며 짙은 회녹색이다. 2개 또는 3개씩 뭉쳐난다. 한 면은 부드럽게 굽어지고 다른 면은 평평하다.

② **잔가지:** 적갈색이 도는 초록색이다.

③ **수피와 목재:** 수피는 주황빛을 띠는 은회색이며 조각으로 큼직하게 갈라진다. 목재는 무겁고 단단하며, 해안소나무보다 수지가 덜 나온다.

④ **눈:** 잔가지 위에 달려 있다. 눈껍질들이 서로 겹쳐 있지 않다. 눈껍질의 끝에서 수지가 나와 끈적인다. 해안소나무의 눈과 닮았다.

⑤ **원추체:** 폴렌원추체의 소포자엽은 서로 떨어져 있으며 긴 타원형이다. 배주원추체는 달걀 모양이고 굽어 자란다.

⑥ **종자원추체:** 인편의 비후부apophysis가 피라미드 모양이며 매우 넓고 돌출되어 있다(사과처럼 생겼다). 수지가 많이 분비되며 열매 자루가 거의 없다. 종자원추체에 붙은 인편 1개에는 씨(종자)가 2개 있다. 종자의 배胚는 페스토를 만들 때 꼭 들어가는 그 유명한 잣이다.

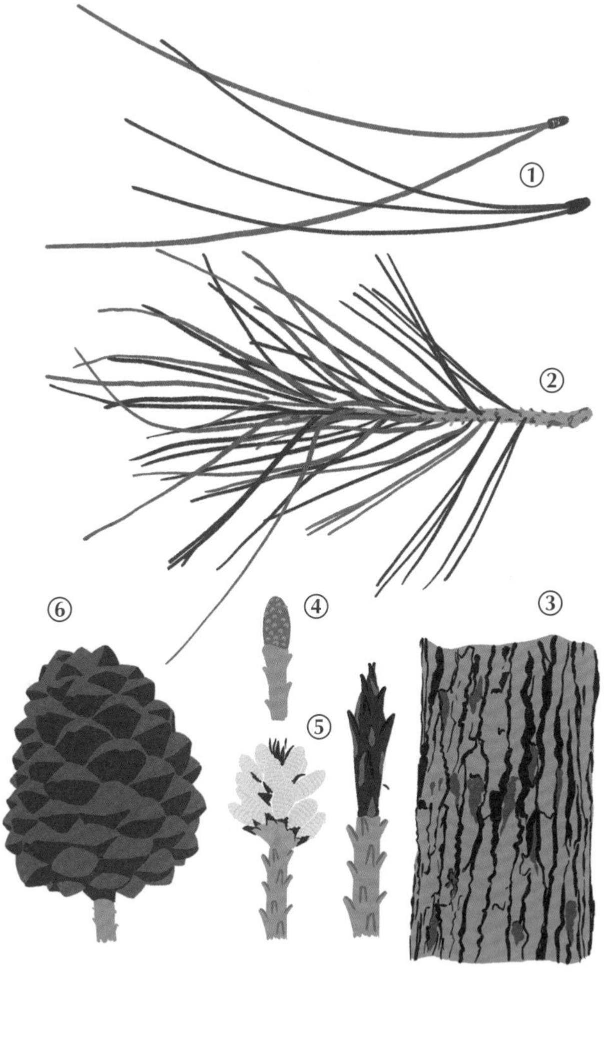

죽음을 불러온 성공

프랑스 화가 폴 시냐크는 프랑스 남부 생트로페 인근 마을인 가상Gassin에서 유명한 우산소나무 '팡 베르토Pin Bertaud'(베르토 소나무)에 큰 애정을 보였다. 이후 이 나무는 정말 스타가 되었다. 그런데 나무를 구경하러 온 사람들과 자동차들로 붐비면서 지반 침하가 일어나 뿌리가 질식해 나무가 죽는 일이 벌어졌다.

Pinus strobus

스트로브잣나무

어린나무일 때는 곰 인형 같은 모습이지만 성숙한 나무가 되면 키가 훌쩍 자라는 스트로브잣나무는 이 책에서 소개되는 원추체식물 중에서 가장 부드러운 분위기를 풍기는 나무일 것이다. 공원이나 정원에서 시선을 사로잡을 만한 모습이다.

목: 구과목 | **과:** 소나무과 | **속:** 소나무속 | **소나무속의 수종:** 80여 종

어디에서 볼 수 있을까?

북아메리카의 서쪽 연안부터 애팔래치아산맥까지의 지역이 스트로브잣나무의 터전이다. 생명력이 아주 강한 스트로브잣나무는 폭풍우도 견디지만, 고여 있는 물은 무서워한다. 모래질 토양, 습하고 배수가 잘되는 토양을 좋아한다.

평균 수령
400년

성장 속도
매우 빠름
(20년 동안 13미터)

형태
키가 매우 크다(높이 60미터, 지름 3미터에 이를 수 있다). '풍성한 양털'처럼 돋아난 바늘잎들과 수평으로 뻗어나가는 가지들이 불완전한 피라미드 형태를 이룬다. 줄기는 곧다.

① **바늘잎:** 5개씩 뭉쳐나는 바늘잎은 길이가 약 10센티미터로 길다. 청록색이며 단면이 삼각형이다. 아주 가늘고 만지면 부드럽다.

② **잔가지:** 부드럽고 털이 없으며, 연녹색이다.

③ **수피와 목재:** 수피는 올리브색이 도는 회색이며 갈라진다. 변재가 거의 선명하지 않으며, 심재는 연한 분홍색이다. 흰색에 가까운 노르스름한 목재는 가볍고 매우 연하며 수지가 거의 없다. 조각가들이나 목수들이 사용한다.

④ **눈:** 뾰족하고 적갈색이며, 수지가 거의 없다.

⑤ **원추체:** 폴렌원추체는 노란색의 작은 원뿔 모양이다. 자주색 배주원추체는 긴 대의 끝에 곧게 서 있다.

❻ **종자원추체:** 특징이 아주 뚜렷하다. 적갈색이며 원기둥 모양이다. 인편의 비후부에는 능선이 눈에 띄지 않게 지는데, 이 능선은 아래를 향해 있다(대개 다른 종자원추체의 경우 중심축과 직각을 이루며 정면을 향한다).

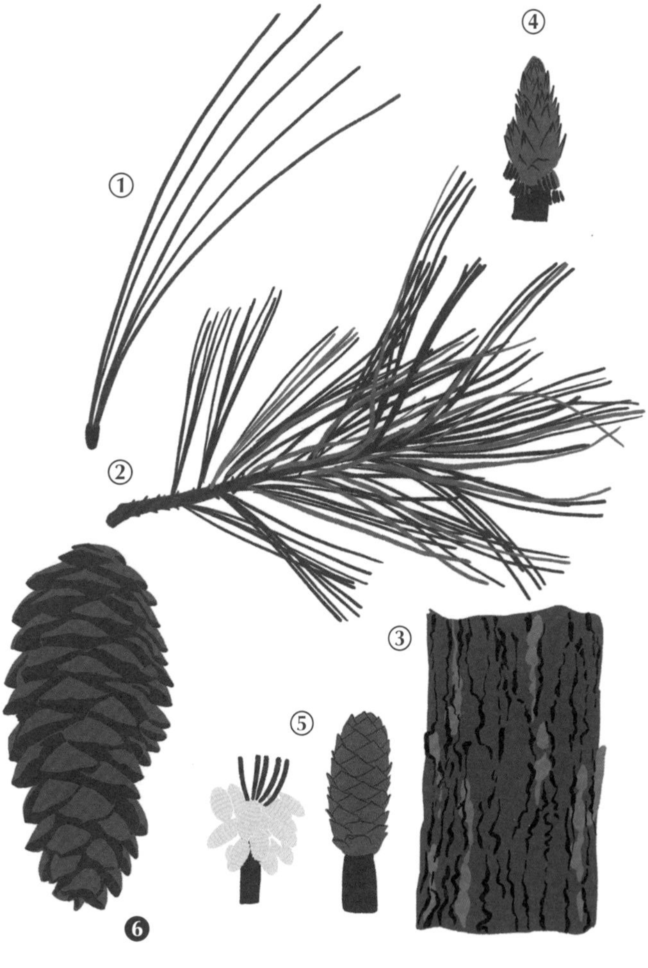

나무 상자와 오두막

미국에서 볼 수 있는 통나무 오두막 대부분이 스트로브잣나무의 목재로 지어졌다. 스트로브잣나무의 목재는 섬유가 곧은 편이어서 작업하기에 수월해 건축재뿐만 아니라 고급 가구재로도 이상적이다. 이 목재로 나무 상자와 부엌용 용기를 만들기도 한다.

Pinus sylvestris

구주소나무

소나무속*Pinus*은 구과목 중에서 가장 중요하다. 구과목 나무들의 모든 특징과 이용 방안이 소나무속 나무들에게서 관찰되기 때문이다. 소나무는 전나무나 가문비나무와 쉽게 구별된다. 소나무의 잎은 가닥이 아닌 묶음으로 모여 나오기 때문이다. 또한 뭉쳐나는 바늘잎의 수는 여러 소나무를 구분하는 최고의 식별 기준이다.

목: 구과목 | **과:** 소나무과 | **속:** 소나무속 | **소나무속의 수종:** 80여 종

어디에서 볼 수 있을까?

모래질 토양과 해발 2,200미터까지의 지대에서 자란다. 구주소나무는 무더위와 건조한 환경을 견디고, 추운 겨울에 적응한다. 주기적으로 번식해 소나무 숲을 이루거나 참나무 또는 자작나무 같은 활엽수와 함께 있다. 서유럽과 동부 시베리아, 코카서스 남쪽, 북유럽에 널리 분포되어 있다.

평균 수령	성장 속도	형태
600년	빠름 (20년 동안 13미터)	구주소나무는 키가 크고(40미터까지 자란다) 그 자체로 우아하다. 늘씬한 모습으로, 가끔은 알파벳 'i'처럼 곧게 서 있는 나무도 있고 주변 환경에 따라 더 구불구불한 나무도 있다. 수피의 독특한 색으로 알아본다.

① **바늘잎:** 길이가 짧다(3~10센티미터). 사람들은 구주소나무의 바늘잎 색이 '연한 초록색'이라고 하는데, '연한 청회색'이라고 하는 것이 더 적절하다. 바늘잎이 2개씩 모여나고, 수명은 약 2년이다.

② **잔가지:** 가늘고 아주 드문드문 있다. 적갈색이다.

❸ **수피와 목재:** 줄기의 아래에서 위로 가면서 수피의 색이 변화한다. 줄기의 아래쪽은 수피가 연회색이고, 위로 올라가면서 주황빛을 띠는 분홍색이 나타나서 나무의 위쪽은 일출을 떠올리게 한다. 목재는 불그스름한 색이고 변재는 흰색이다.

④ **눈:** 밝은 갈색이며 수지가 거의 없다. '전나무의 눈'으로 오해를 받는 구주소나무의 눈은 호흡기 감염증을 치료할 때 허벌리스트herbalist들이 즐겨 사용한다.

⑤ **원추체:** 암수한그루이다. 연한 호박색의 폴렌원추체는 끝이 살짝 뾰족한 원뿔 모양이며, 이삭처럼 여러 개가 모여 있다. 크기가 더 작은 배주원추체는 5~10센티미터로 아주 작은 구형의 수령초와 비슷하게 생겼다.

⑥ **종자원추체:** 그리 크지 않고(길이 5~8센티미터), 사방으로 돋아나 있다. 진한 갈색이고 원뿔 모양이다. 인편의 비후부에 돌기(억세고 작게 돌출된 부분)가 길게 나와 있다.

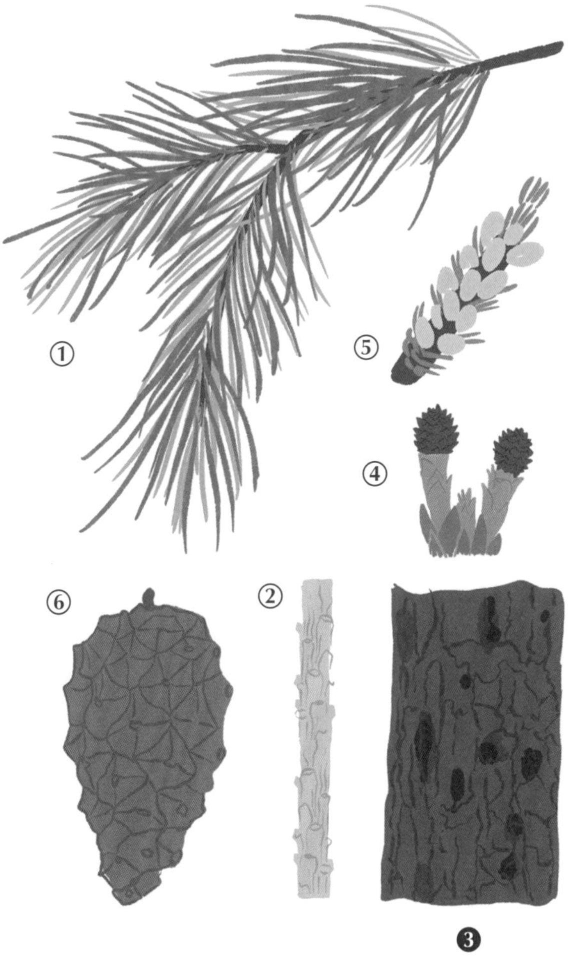

아름다운 구주소나무와 버섯

구주소나무는 가장 멋진 소나무 숲을 형성한다. 새벽이나 일몰 시간대에 태양이 구주소나무의 주황빛을 띠는 분홍색 줄기를 환하게 비춘다. 가을이 오면 구주소나무의 밑동에 꾀꼬리버섯, 그물버섯 등과 같은 식용 버섯이 자란다.

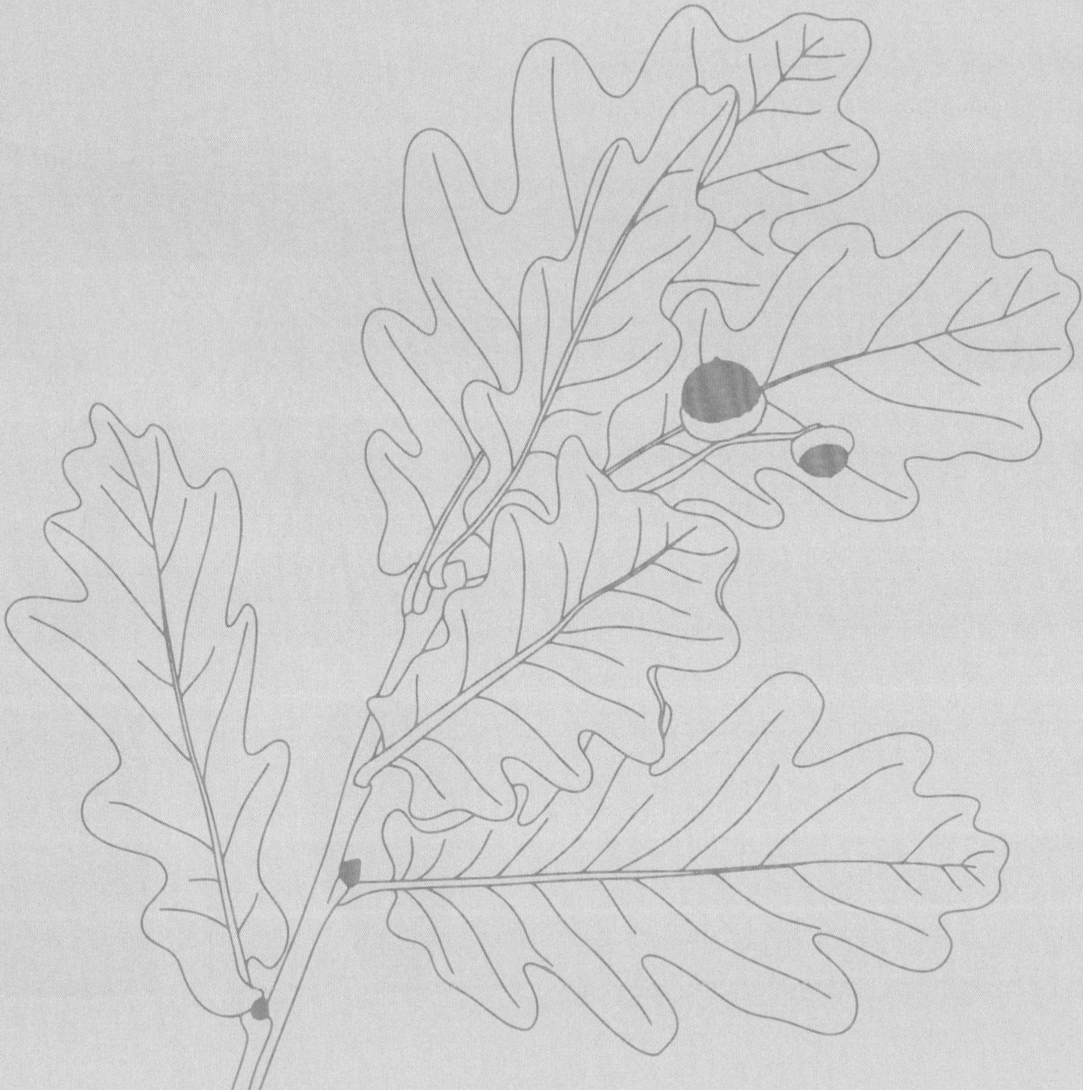

나무와 사람

나무를 둘러싼 신화와 전설

나무는 지구에서 가장 널리 퍼져 있는 상징적 주제로 세상에서 가장 풍성한 이야기를 보유하고 있다고 할 수 있다. 유명한 철학자이자 종교 및 신화 역사학자인 미르체아 엘리아데Mircea Eliade는 나무의 상징적 의미를 일곱 가지로 구분했다.

삶을 상징

끊임없이 생장하고 하늘을 향해 꾸준히 뻗어 올라가는 나무의 모습은 삶의 진화를 떠올리게 한다.

생애 주기를 상징

나무는 잎을 모두 떨어뜨리고 해마다 새로운 주기를 다시 시작하기에 재탄생과 연관이 있다. 그래서 나무는 삶과 죽음, 재탄생을 상징한다. 또한 상록수은 불멸을 상징한다.

땅과 하늘의 연결 고리를 상징

뿌리는 땅속으로 뻗고 가지는 구름과 가깝기 때문에 나무는 땅과 하늘, 눈에 보이지 않는 세계와 보이는 세계, 속된 것과 성스러운 것을 연결하는 중심축을 상징한다.

야곱의 사다리, 수족Sioux의 토템, 시베리아 유목민의 전통 가옥 유르트에 있는 샤머니즘 기둥은 모두 이런 의미를 지닌다.

다산을 상징

아름답게 잘 익은 열매를 맺는 과일나무들은 수많은 풍습에서 전설적 또는 성性적 역할을 맡고 있다. 그래서 인도의 드라비다족과 아메리카의 수족, 아프리카의 호텐토트족(코이코이족)의 여성은 결혼할 때 남편이 될 사람 외에도 나무와 혼인식을 치르는 관습이 있다. 왜 그럴까? 나무가 다산을 상징하므로 여성이 아이를 많이 낳기를 기원하는 것이다.

남근을 상징

셀 수 없이 많은 전설에서 나무는 남성의 이미지로 해석되어야 한다. 예를 들면 그리스·로마 신화 속 아티스는 할아버지가 제우스이고 할머니가 키벨레로 불리는 바위이다. [다른 여자와 사랑에 빠진 아티스를 향한 키벨레의 질투로 인해] 미쳐버린 아티스는 소나무 아래에서 스스로 거세했다. 질투에 눈이 먼 키벨레에 의해 나중에 뿌리째 뽑힌 이 소나무는 아티스의 거세를 상징하게 되었다.

종교에서 성장을 상징

생명의 나무들은 가족, 민족, 믿음의 성장을 상징한다. 모든 종교에서 이러한 상징성을 찾을 수 있는데, 몇 가지 예를 들어보면 다음과 같다.

- **보리수**는 그 아래에서 석가모니가 깨달음의 길을 찾았던 신성한 나무로 무화과나무속에 속한다. 힌두교에서 파생된 불교는 석가모니 그 자체를 의미한다. 불교의 뿌리는 범천, 줄기는 대자재천, 가지는 비뉴천이다.
- **창세기의 나무 또는 선악을 아는 나무**는 성경에 나오는 나무이다. 에덴동산에 있는 선악을 아는 나무는 천상의 맛이 나는 수액이 풍부하고, 그 금단의 열매는 불멸을 준다. 혹하게 되지 않는가?
- **거꾸로 서 있는 나무**를 보고 중세 이탈리아 시인 단테는 "나무들은 꼭대기에서 자양분을 얻어 산다."라고 말했다. 그러니까 나무가 뒤집혀 있는 모습이다. 수관이 땅에 있고 뿌리가 하늘을 향한다. 이러한 나무의 이미지는 폭넓게 차용되었는데, 신화 속 태양의 위치와 관련이 있다. 즉, 생명은 천체에서 오는데 나무가 이 생명을 먹고 자란다는 것이다(그래서 뿌리가 하늘을 향한 것이다 — 옮긴이). 이슬람교에는 '행복의

나무(행복수)'가 있는데, 이 나무도 뿌리가 하늘로 향해 뻗어나간다.

죽음을 상징

나무는 생명의 상징이 되기도 하지만 또한 죽음의 상징이 되기도 한다. 유대교의 신비주의, **카발라**Kabbalah에서는 아담에게 벌거벗은 몸을 가릴 수 있도록 잎을 준 나무가 치명적인 운명을 상징한다. 상징들 중의 상징이자 단죄와 구원의 도구, 기독교 십자가도 죽음의 나무로 해석된다.

지금으로부터 그리 멀지 않은 때인 1939년 가수 빌리 홀리데이는 루이스 앨런의 시 「이상한 열매Strange Fruit」를 노래로 만들었다. "남부의 나무에서는 이상한 열매가 열리네." 그녀의 노래는 인종 분리 정책으로 당시 미국을 피로 물들였던 끔찍한 인종 차별적 사형과 교수형을 떠올리게 한다.

켈트족의 달력

켈트족은 주기를 나누고 각 주기에 나무의 이름을 붙여 달력으로 사용했다고 한다. 이러한 사실을 확인할 수 있는 고고학적 또는 역사적 증거는 없지만, 나무와 켈트족의 문명 사이에 깊은 연관이 있음을 아무도 의심하지 않았다. 여기서 우리는 역사학자 미카엘 베스콜리Michaël Vescoli가 정리한 날짜를 차용했다. 이렇게 오래전 만들어진 나무의 의미와 나무가 상징하는 바를 살펴보면서 독자들이 이를 새롭게 자신의 방식으로 활용할 수 있기를 기대한다.

전나무

신중함과 충성을 상징. 1월 2~11일생 또는 7월 5~14일생

느릅나무

고결, 정의, 관용을 상징. 1월 12~24일생 또는 7월 15~25일생

사이프러스

영예를 상징. 1월 25일~2월 3일생 또는 7월 26일~8월 4일생

포플러

신중함과 후한 인심을 상징. 2월 4~8일생, 5월 1~14일생 또는 8월 5~13일생

삼나무

아름다움과 도덕성을 상징. 2월 9~18일생 또는 8월 14~23일생

소나무

지혜와 사려 깊음을 상징. 2월 19~29일생 또는 8월 24일~9월 2일생

버드나무

이타심과 빛을 상징. 3월 1~10일생 또는 9월 3~12일생

피나무

보호와 부드러움을 상징. 3월 11~20일생 또는 9월 13~22일생

개암나무

관능과 다산을 상징. 3월 22~31일생 또는 9월 24일~10월 3일생

마가목

친절을 상징. 4월 1~10일생 또는 10월 4~13일생

단풍나무

깐깐함과 의지를 상징. 4월 11~20일생 또는 10월 14~23일생

호두나무

부와 풍요를 상징. 4월 21~30일생 또는 10월 24일~11월 11일생

밤나무

저항과 자유를 상징. 5월 15~24일생 또는 11월 12~21일생

물푸레나무

저항과 자유를 상징. 5월 25일~6월 3일생 또는 11월 22일~12월 1일생

서어나무

부드러움과 충성을 상징. 6월 4~13일생 또는 12월 2~11일생

무화과나무

호의와 감성을 상징. 6월 14~23일생 또는 12월 12~21일생

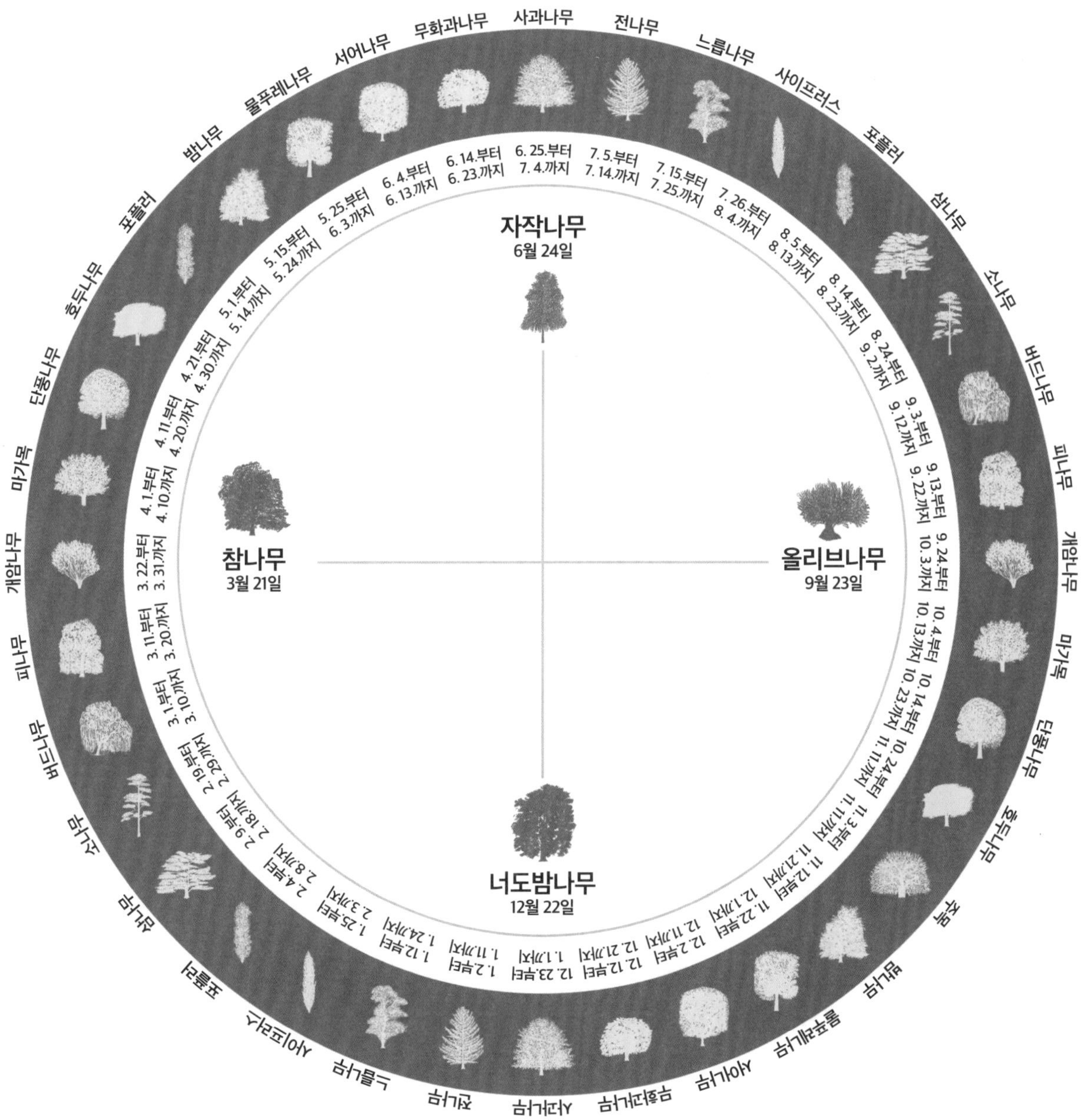

사과나무

하늘과 땅의 중재를 상징. 6월 25일~7월 4일생 또는 12월 23일~1월 1일생

주목

저항과 영원을 상징. 11월 3~11일생

참나무

원기와 지구력을 상징. 3월 21일생

자작나무

융통성과 겸손을 상징. 6월 24일생

올리브나무

섬세함과 조화를 상징. 9월 23일생

너도밤나무

엄격함과 인내를 상징. 12월 22일생

전 세계의 유명한 나무

아이작 뉴턴의 사과나무 이야기는 이미 모두가 알고 있을 것이다. 그렇다면 로빈 후드의 은신처는 어디였을까? 마므레의 상수리나무 이야기를 들어본 적이 있는가? 프랑스 알루빌의 로부르참나무에는 어떤 특별한 점이 있을까?

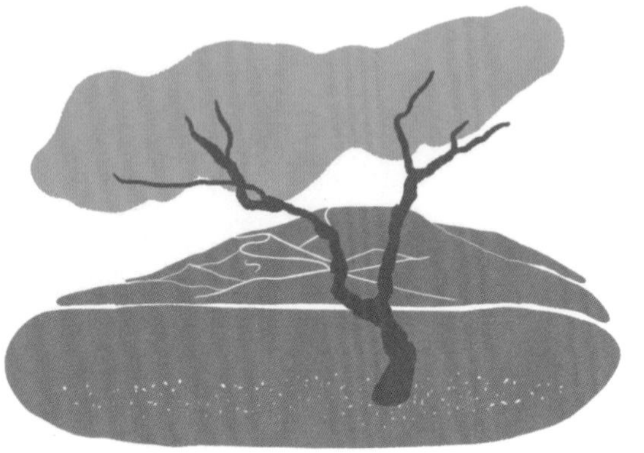

테네레 나무

아주 고독한 나무였다. 사하라 사막의 중남부에 속하는 매우 건조한 모래 평야 지역인 아프리카 니제르의 테네레 사막에 이 우산아카시아나무는 다른 나무와 150킬로미터 이상 떨어져 홀로 우뚝 서 있었다. 나무의 뿌리가 지표면 아래 30미터가 넘는 깊숙한 지하수층까지 닿아 있었다. 안타깝게도 1973년 술에 취해 트럭을 운전하던 남성이 이 나무를 들이받는 사고가 발생했다. 지금은 테네레 나무와 닮은 금속 조각상이 그 자리를 대신하고 있다. 슬픈 현실이다!

로빈 후드의 은신처, 로부르참나무

영국 셔우드 숲의 중심에 있는 거대한 로부르참나무('메이저 오크Major Oak'라고 부른다 — 옮긴이)가 로빈 후드의 은신처였다고 한다. 나무줄기의 움푹하게 들어간 공간에 몸을 숨겼을 것으로 보인다.

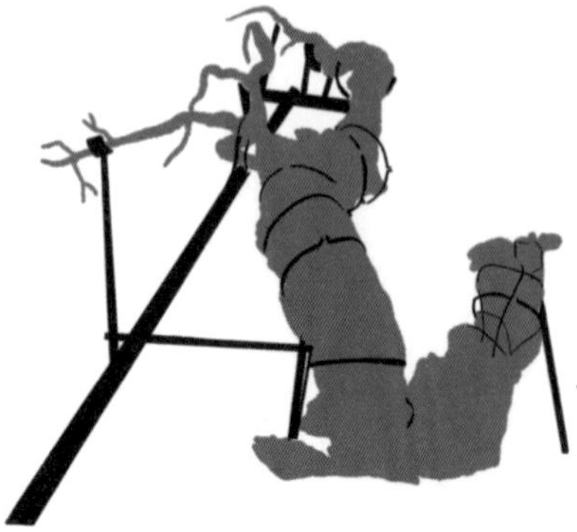

마므레의 상수리나무

아브라함이 천막을 치고 신과 대화를 나눴다고 알려진 요르단강 서안 지구에 마므레의 상수리나무가 있다. 그리스정교회에서는 적그리스도가 출현하게 되는 날 직전에 이 나무가 죽을 것이라고 명시했다. 그런데 1996년 마므레의 상수리나무는 콘크리트와 철로 만든 구조물에 지지된 채 여전히 '서 있는'데도 불구하고 공식적으로 죽은 나무로 확인되었다. 어떤 사람들은 나무에서 새순이 돋아났다고 주장할지도 모른다. 여전히 희망의 끈을 놓지 않고 있다!

알루빌의 로부르참나무

프랑스에서 가장 오래된 나무로 유명한 알루빌의 로부르참나무는 분명 매우 놀라운 나무이다. 프랑스 노르망디의 알루빌벨포스라는 작은 마을 안 교회 종탑 바로 옆에 있는 이 로부르참나무는 수령이 약 1,000년 정도 된 나무로, 줄기 안에 아주 작은 두 예배당이 위치한다.

뉴턴의 사과나무

영국 동부에 위치한 작은 마을 울즈소프의 어느 대저택 정원으로 들어가면 뉴턴의 사과나무가 있다. 이 사과나무 아래에서 영국의 유명한 물리학자 아이작 뉴턴 경은 사과가 떨어지는 것을 본 뒤에 만류인력의 법칙을 발견했다고 한다.

생명의 나무

1945년 일본 나가사키와 히로시마에 원자 폭탄이 투하될 당시, 은행나무와 녹나무는 기적적으로 살아남았다. 폭탄의 충격파에 의해 모든 잎이 타버리고 떨어져 나갔지만, 히로시마에 있는 은행나무들은 가장 먼저 꽃을 피운 생존 식물이 되었다. 나가사키 산노 신사에 있는 녹나무 한 그루는 '자연 유산'으로 등록되었고 '생명의 나무'라는 이름이 붙여졌다.

나무가 세운 기록

엄청 작은 나무, 아주아주 높은 나무, 줄기가 무척 굵은 나무, 놀라울 정도로 오랜 세월을 산 나무도 당연히 있다. 모든 기록을 깨트린 나무들도 있고, 여러분이 생각하지도 못했던 업적을 세운 나무들도 있다.

줄기가 가장 굵은 나무

툴레 나무는 멕시코 산타마리아델툴레에 있는 몬테주마 사이프러스이다. 둘레가 42미터인 이 나무는 줄기의 지름이 약 15미터라고 한다! 멕시코 사포텍 전설에 따르면 약 1,400년 전 아즈텍 바람의 신 에헤카틀을 모시는 신관이 이 나무를 심었다고 한다.

나이가 가장 많은 나무

가장 오래된 나무를 딱 정하기는 어렵다. 우리가 현재 아는 범위에서 나무의 나이를 추정할 수밖에 없기 때문이다. 그럼에도 세계에서 가장 오래된 나무는 5,062년을 산 브리슬콘소나무Bristlecone pine인 것으로 보인다. 이 나무는 2012년 미국 캘리포니아 동쪽 로키산맥에서 발견되었다. 이 나무가 태어났을 당시에는 이집트 도시 기자의 피라미드도 아직 건설되지 않았다! 다른 생물학자들은 스웨덴의 가문비나무를 세계에서 가장 오래된 나무로 꼽는다. 실제로 휘묻이(모근으로부터 분리하지 않고 잔가지를 흙에 묻어 뿌리를 내리게 하는 것)를 할 수 있는 이 가문비나무 뿌리의 나이는 9,500여 년으로 추정하고 있다!

가장 넓게 퍼져 있는 나무

인도 서벵골주의 도시 하우라에 있는 그레이트 반얀트리는 반얀나무로, 줄기가 없어졌음에도 불구하고 2,880개의 공기뿌리가 원가지들을 지탱해 주는 덕분에 계속 자라고 있다. 오늘날 하우라의 이 나무가 자라는 면적의 지름은 131미터, 둘레는 412미터이다!

가장 오래된 나무 군락

미국 유타주에 있는 판도Pando 군락은 얼마 전 8만 살 생일을 맞았다. 북미사시나무 수만 그루가 모인 군락으로 나무들 모두 유전자가 일치한다. 초년기 땅속에 자리 잡은 뿌리를 같이 공유하고 있는 것이다. 개별적으로 사는 기간은 100여 년밖에 되지 않는 이 나무들은 땅속 생명체로서 빛을 찾아다니는 긴 줄기로 정의될 수 있다.

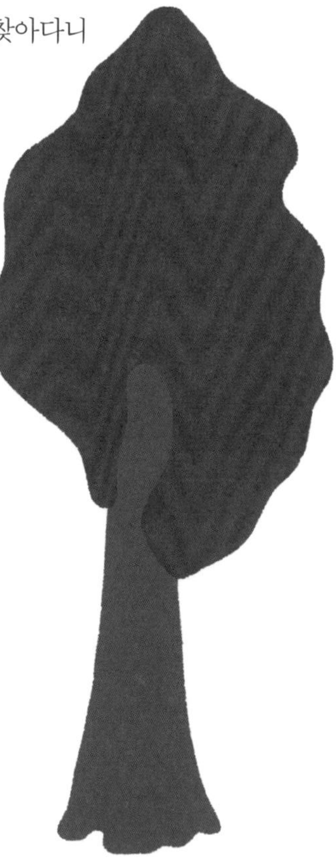

크기가 가장 작은 나무

북극버드나무*Salix arctica*는 높이가 10센티미터를 거의 넘지 않는다. 그런데 북극버드나무가 자라는 북극과 북극 바로 아래 지대는 보통 나무들이 겪는 전통적 한계를 뛰어넘는 극한 조건이라는 사실을 알아야 한다.

가장 높은 나무

하이페리온Hyperion은 높이 115.55미터에 달하는 세쿼이아로 2006년 미국 캘리포니아 레드우드국립공원에서 발견되었다. 이 나무의 정확한 위치는 관광객이 몰려 생태 환경이 파괴되는 일을 막기 위해 대중에게 공개되지 않았다.

가장 큰 솔방울을 가진 나무

호주의 버냐소나무는 가장 거대한 솔방울이 열리는 나무라는 기록을 가지고 있다. 솔방울이 수박처럼 커서 무게가 무려 4킬로그램 정도 나간다!

가장 거대한 나무
(어쩌면 가장 유명한 나무)

미국 캘리포니아에 있는 제너럴 셔먼 트리General Sherman Tree는 자이언트세쿼이아로 높이가 84미터이고 나무 밑부분의 지름이 11미터이며 무게가 1,400톤이 넘는다. 이 나무의 나이는 약 2,500년 정도로 추정된다.

최근의 발견

나무와 숲의 삶에 대해 최근에 발견된 과학적 사실들은 무척 흥미롭다. 사람은 다른 생물의 놀라운 복잡성을 이제 간신히 이해하기 시작했는데, 특히 사람과 시간의 규모가 다른 나무를 이해하기 시작한 것은 얼마 되지 않는다.

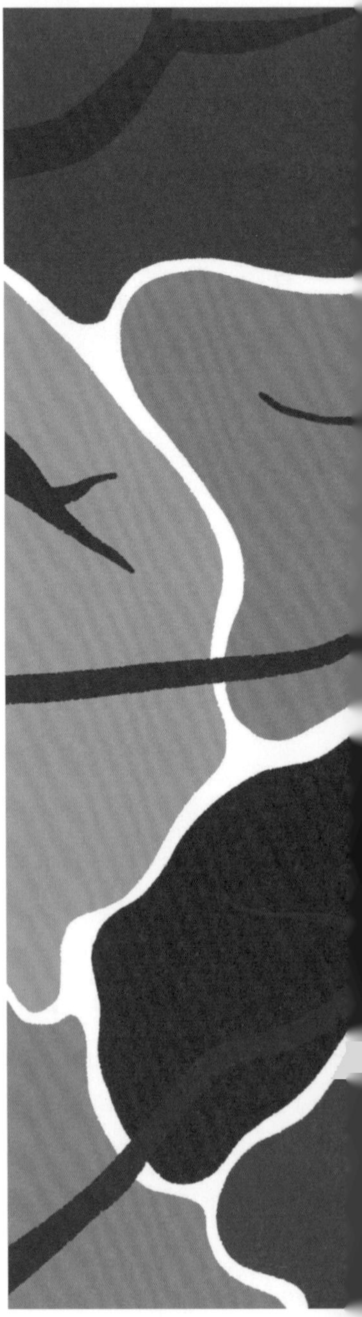

의사소통

숲속 나무들은 서로 의사소통하는 능력을 가졌다. 더욱 인상적인 점은 자신들의 경험을 공유한다는 것이다. 나무의 뿌리와 균근균의 조직망은 일종의 지하 인터넷을 만들어 긴급한 메시지를 서로에게 보낼 수 있다. 만약 해충이나 질병이 감지된다면 나무는 위험 요인을 파악해 자신의 동족에게 주의 신호를 보낼 수 있다. 나무는 침입자들을 제압할 수 있을 정도의 독소나 항체를 분비하며 경고를 보내는데, 이런 경고는 전기 충격을 주는 것과 같은 효과를 낸다.

연대

빛에 접근한 큰 나무들은 작은 나무들과 광합성을 통해 생성된 당을 공유한다. 2016년 스위스 바젤대학교의 과학자들은 영양 공유가 다른 나무 종 사이에서도 일어날 수 있다는 사실을 증명하는 데 성공했다. 이러한 발견이 어떤 사람들에게는 좋은 교훈이 될 것이다!

기억력

최근 후성유전학 연구에서 나무는 자신이 받았던 공격을 기억해 미래를 대비할 수 있다는 사실이 증명되었다. 예를 들어 극심한 가뭄을 겪은 나무는 주변에 있는 물을 절제하면서 사용하는 법을 배울 것이다. 스파르타식 훈련을 한 나무가 다음에 다가올 물 부족 시기를 더 잘 견뎌낼 것이기 때문이다.

환경에 직접적인 영향

나무가 비를 내리게 할 수 있다! 가뭄이 발생할 때 나무는 아주 미세한 물질을 배출해 숲 위로 지나가는 구름을 만드는 데 일조한다고 한다. 나무가 내보낸 물질로 화학 반응이 일어나면서 수증기가 물방울로 응결되는 것이다. 이렇게 구름이 만들어지면 소량이더라도 구원의 물줄기가 내릴 수 있다!

수줍음

분명 가장 시적인 현상이다! 어떤 나무들은 자신들의 잎이 서로 닿지 않도록 일정한 거리를 두기도 한다. 이러한 현상을 '수관의 수줍음crown shyness'(수관 기피)이라고 부른다. 이런 나무의 모습을 보면 "나의 자유는 다른 사람의 자유가 시작되는 곳에서 멈춘다."라는 명언이 떠오른다.

경제, 나무, 사람

예로부터 사람들은 습지 간척, 침식 방지, 바람막이, 온실가스 흡수 등 영토를 정비할 때 나무를 활용했다. 또한 나무로부터 나오는 다양한 자원을 이용해 이익을 얻었다. 유엔식량농업기구FAO가 발표한 보고서에 따르면, 해마다 약 55억 세제곱미터에 달하는 부피의 목재가 생산된다고 한다.

경제적 가치 이상으로 나무는 상징적이고 중요한 정서적 가치를 지니고 있다. 오늘날 이러한 가치가 계속 높아지면서 시민들은 나무를 보호하고 유지할 것을 촉구한다. 나무는 다양한 분야로 뻗어나가는 풍요롭고 활발한 경제의 중심으로, 미래에는 거주민들의 행복과 생물 다양성의 존중을 기반으로 하는 경제가 등장할 수 있다는 희망을 갖게 해준다. 하지만 이를 위해서 비용의 관점이 아닌 나무가 진정 우리에게 가져다주는 것이 무엇인지 생각하며 나무를 이해해야 한다. 과도한 개발의 일차적 논리에서 벗어나야 한다.

목재

난방을 하고 건물을 짓고 물건과 종이, 숯 등을 만드는 데 사용되는 목재는 인간에게 필수적인 원자재이다. 세계 경제가 성장하고 재생 에너지의 수요가 높아지면서 전 세계적으로 목재의 생산량이 해마다 증가하고 있다.

나무껍질

옛사람들은 파피루스(러시아에서는 자작나무의 껍질로 만든다)와 탠tan(참나무의 껍질로 만든 가루로 가죽을 무두질할 때 쓴다)을 만들어 사용했다. 여전히 사람들은 나무껍질로 마개를 만들고 있다(해마다 생산되는 마개 160억 개 중에서 80퍼센트는 코르크나무의 껍질로 만든다).

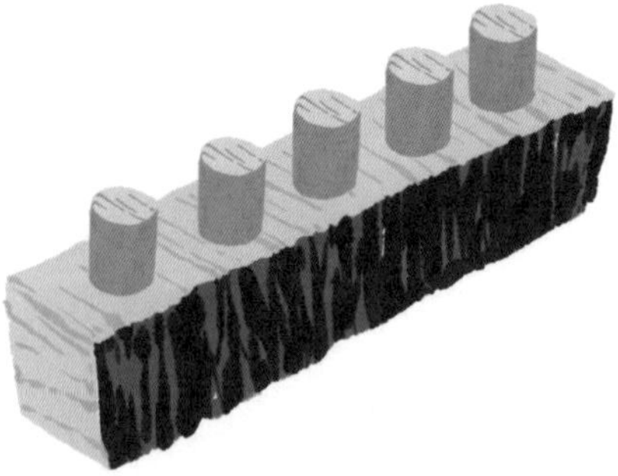

잎

잎은 가축의 사료와 요리 재료, 누에의 먹이 등으로 사용된다.

수액과 수지

수액은 시럽과 음료(단풍 시럽, 자작나무 수액, 야자주palm wine 등)로 먹는다. 또한 수액으로 고무를 만들기도 한다.

열매와 꽃

열매와 꽃은 우려서 허브차 등 차로 만들어 마신다. 열매는 또한 생으로 먹거나 익혀서 먹는다. 나무가 없다면 잼, 사과파이, 사과 브랜디도 없을 것이라는 사실을 잊어서는 안 된다! 게다가 나무의 열매와 꽃은 수많은 약, 아로마 제품을 만드는 데 없어서는 안 될 원료를 제공한다.

경제를 창조하는 나무

사람들은 나무의 가치를 잊은 채 수익을 낼 수 있는 자원으로만 생각하는 경향이 있다. 하지만 나무를 심고 관리하는 것은 여러모로 훌륭한 투자이다. 실제로 많은 연구에서 나무 심기는 공공 부담을 크게 줄여준다는 사실이 증명되었다. 게다가 살아 있는 나무는 물을 관리하고 실내 공기를 조절하고 사람들이 건강하게 지내며 상생할 수 있게 하는 데 일조한다.

나무가 사회에 가져다주는 이익 외에도 나무는 많은 돈을 절약할 수 있게 한다. 예를 들어 노스캐롤라이나주의 도시 샬럿의 경우 시가 주도해 심었던 나무들이 연간 약 4만 킬로그램의 미세 먼지, 오존, 이산화질소, 유황의 배출량을 감소시켰다고 추산했다. 산업적으로 같은 양의 가스를 정화하려면 도시는 연간 3만 6,000달러 이상의 돈을 지출해야 한다!

다른 예를 들어보자. 캘리포니아주에 위치한 도시 새크라멘토는 2,080헥타르 면적의 공원에 나무를 심고 모든 체육 활동을 할 수 있도록 문을 열었다. 시가 추산한 바에 따르면, 신체 활동이 없는 사람 한 명이 쓰는 의료비는 연간 500달러에 달하는데, 이는 규칙적인 신체 활동을 하는 사람 한 명이 쓰는 의료비보다 많다. 이렇게 7만 8,000명의 사람들이 주기적으로 도시 공원을 이용하면 약 2,000만 달러의 공공비가 절약될 수 있다고 평가했다.

살아 있는 나무 한 그루가 건강뿐만 아니라 모두의 행복과 보편적 경제에 득이 된다는 결론에 이른다.

인류의 미래,
혼농임업

혼농임업agroforestry은 같은 구획에서 나무와 풀 또는 나무와 동물을 함께 기르는 것이다.
자연에서 영감을 받은 이러한 영농 시스템은 공간과 시간을 고려해 재배 방식을 조합해서 운영한다.

나무

혼농임업의 중심 요소이다. 뿌리계를 통해서 나무는 토양과 상호 작용 — 특히 가장 깊은 토양층과 상호 작용 — 을 하며, 같은 공간에 있는 재배 작물에 물과 미네랄로 최고의 영양을 공급한다. 울타리, 목초지-과수원, 과수원-채소밭, 숲-정원(포레스트 가든forest garden) 또는 숲-텃밭 등 임업과 농업을 혼합한 다양한 방식이 있다. 풍요로운 자연의 정수를 보여주는 이러한 혼농임업 방식은 생산성도 무척 높다!

울타리

작물을 선형으로 배치해 운영하는 혼농임업 방식이다. 울타리는 밭을 보호하거나 경계선을 만들기 위해 교목, 관목, 가시나무 등으로 만든 담장으로, 토질을 높여주며 물의 순환을 돕고 소기후를 만든다. 게다가 울타리 안 공간은 쉬는 땅이 되고, 가축이 겨울을 나는 땅도 되며, 여러 동물(특히 새)에게 꼭 필요한 영양분을 공급하는 땅이 된다. 또한 울타리가 있어 풍경이 더 아름다워지고 완전히 자연 상태의 담장을 이룰 수 있다.

목초지-과수원

목초지-과수원은 과일나무와 동물(닭, 양, 말 등)이 함께 있는 방식이다. 동물은 과수원에서 땅에 떨어진 열매를 먹는다. 보통 나무에서 썩은 과일이 제일 먼저 떨어지는데, 가축이 썩은 과일을 먹어 기생충을 없앰으로써 과수원을 깨끗하게 해준다. 또한 동물의 배설물은 과일나무에게 비료가 된다. 영속농업의 시스템은 이렇게 완벽하다!

과수원-채소밭

과일나무와 채소 재배의 조합이다. 광합성 효율을 높이고 뜨거운 태양과 돌풍으로부터 보호해 주며 생물 다양성이 풍부해지는 등 과수원-채소밭은 엄청난 장점이 있다. 그러나 빛을 잘 다루려면 재배하는 식물 종을 잘 알고 있어야 한다.

숲-텃밭

원시림을 모방한 층계형 텃밭이라 할 수 있다. 이러한 유형의 혼농임업은 가장 유망한 업종이고 시각적으로도 가장 아름다운 풍경을 만들어낼 것이다. 나무를 중심으로 네 가지의 재배 방식이 공존한다. **임관을 이루는 과일나무**(사과나무, 배나무 등), 그 아래로 **키가 낮은 나무와 덤불**(까치밥나무, 개암나무, 산딸기나무 등), **초본식물과 지피식물**(딸기나무, 감자, 서양고추냉이 등), 그리고 마지막으로 **덩굴식물**(포도나무, 블랙베리 등)이 공존하는 형태이다.

혼농임업의 가장 큰 장점은 농업에 다기능 성격이 추가된다는 것이다. 오로지 식량을 집중적으로 생산한다는 목적으로 밭을 파괴하는 논리와 정반대의 길에 위치한 혼농임업은 생물 다양성을 보존하고, 지구 온난화를 방지하며, 수질과 공기 질을 개선하고, 풍부하고 건강하며 맛 좋은 식량을 생산한다. 미래는 — 바라건대 — 숲-정원으로 이루어진 사회가 될 것이다. 요즘 이러한 유형의 혼농임업을 운영하는 영농인을 '**실바니에**Sylvanier'라고 부른다. 노르망디의 작은 마을 벡엘루앙에 위치한 벡엘루앙 농장의 설립자인 샤를 에르베그뤼에와 페린느 에르베그뤼에가 만든 단어이다.

나무와 숲의 법적 지위

'권리'는 사회 안에서 어떤 존재나 대상, 개념이 가진 지위를 상승시킬 수 있는 강력한 무기이다. 대부분의 국가에서는 나무를 주로 단순한 동산으로 규정하고 있다. 이러한 나무의 법적 지위는 나무와 우리 인간이 어떤 관계를 맺고 있는지 보여준다.

UNESCO

나무와 숲의 법적 보호란 무엇일까?

나무의 법적 보호에는 두 가지 요소가 있다.

1. 나무가 누구의 것인가? 나무와 숲은 (정부나 기업이 아닌) 지역 주민이 소유할 때 더 잘 보호된다. 예를 들어 브라질에서 법적으로 보호를 받는 원주민 공동체가 있는 숲에서는 삼림 벌채의 진행 비율이 1퍼센트 이하(0.6퍼센트)였다. 반면 브라질의 다른 지역은 7퍼센트에 달했다.

정반대의 사례를 보자. 아프리카 가나와 코트디부아르에서는 모든 나무가 국가 소유이다. 여러분이 농업 종사자라고 생각해 보라. 민간 양수인이나 기업이 간단한 정부 허가서 한 장으로 여러분의 경작지에 있는 나무를 뿌리째 뽑으러 올 수 있다. 그래서 현지 농업 종사자들은 사업 활동으로 경작지를 황폐하게 만드는 기업이나 양수인이 자신의 경작지에 침입하는 일을 사전에 막기 위해 경작지에서 자라는 나무를 베어버리곤 하는데, 이러한 일은 아주 빈번하게 일어난다.

2. 나무가 특별한 보호 규정에 의해 보호받고 있는가? 대부분의 국가는 국가 차원에서 나무와 숲을 위한 특별 보호 규정을 만들었다. 신성하게 여기는 숲이 있는 나라(예를 들면 서아프리카 지역)도 있다. 원주민 사회가 점하고 있는 구역은 주로 제한을 받는다. 예를 들면 아마존의 대부분의 구역이 이 경우에 해당한다. 이런 국가 보호 규정 외에도 숲은 유럽의 경우 나투라Natura 2000에서 지정하는 지역(유럽연합의 법제화를 거쳐서 보존을 목적으로 보호하는 구역)과 유네스코에서 지정하는 지역(전 세계 곳곳)으로서의 지위를 획득할 수 있다.

원칙적으로 특별 보호 규정의 혜택을 받는 나무와 숲은 인간이 벌이는 모든 개발로부터 보호를 받아야 할 것이다. 안타깝게도 법적 조항이 여전히 충분하지 않아 여러 다른 해석이 나올 수 있다. 일례로 유럽의 마지막 원시림 중 하나인 폴란드의 비아워비에자 숲은 나투라 2000에서 지정해 법의 보호를 받는 숲이지만 벌목될 위기에 처했다. 당시 폴란드 정부는 숲의 개발을 정당화하려고 숲에 섬나무좀(나무껍질 속으로 파고들어가 통로를 만드는 작은 초시류)이 우글거린다고 주장했다.

다행히도 유럽연합사법재판소는 폴란드 정부의 주장을 들어주지 않았고, 2018년 비아워비에자 숲의 삼림 개발이 유럽연합 법과 모순되는 행위라는 이유로 폴란드 정부의 파괴적인 의도를 중지시켰다.

희귀 나무의 보호

'멸종 위기에 처한 야생 동식물의 국제 거래에 관한 협약CITES(사이테스)'은 동물 종과 식물 종(예를 들어 코뿔소의 뿔이나 희귀 수종)의 무역 거래를 반대한다. 만약 밀수업자가 사이테스의 보호를 받는 나무를 판매하려고 시도한다면, 그 사람은 체포되어 재판을 받을 수 있다. 이는 국제재판소에서 형사 소송도 일어날 수 있는 심각한 범죄이다.

현재 수백여 개의 나무 종이 사이테스의 보호를 받고 있다. 예를 들면 칠레소나무*Araucaria araucana*, 달베르기아 루벨리*Dalbergia louvelii*, 주목*Taxus cuspidata* 등이 있다.

인증 기관

목재 인증을 위한 '산림관리협회FSC', 팜유 인증을 위한 '지속 가능한 팜오일 산업 협의체RSPO', 카카오나 커피 인증을 위한 '열대우림동맹Rainforest Alliance' 등 여러 인증 기관이 있다. 인증 기관들은 '지속 가능'하다는 인증을 받은 제품을 생산하는 기업들에게 경영 구역의 숲을 보존하는 행동을 실천할 것을 요구한다.

그럼에도 불구하고 인증을 받은 상품들이 보호 지정 구역에서 생산되었을 가능성이 있다는 사실이 여러 조사를 통해 밝혀졌다. 실제로 인증은 자발적인 과정에 속하며 어떤 법적 구속력도 없어 영향력이 상당히 약하다.

현재 인증 기관을 통해 보호받아야 할 숲의 구역을 모두(기관, 정부, 시민 사회)가 함께 파악하기 위해서, '높은 보존 가치를 지닌 숲'과 '탄소를 많이 저장하는 숲' 개념을 정의하는 두 가지 국제 절차가 진행 중이다.

프랑스의 상황

역사 유적지 주변 500미터 반경에 있는 나무들은 보호받는다. 프랑스 건축 및 문화재 지원과의 허가 없이 나무를 베거나 훼손할 수 없다.

다른 경우, 나무를 보호하기 위한 가장 확실한 수단은 도시화 지역 계획Plan local d'urbanisme의 '나무가 심어진 공간으로 분류Espace boisé classé'로 나무를 등록하는 것이다. 이렇게 등록된 나무들은 허가 없이(나무가 위험한 경우 제외) 벨 수 없다.

서로 인접해 있는 두 소유지의 경계선 가까이에 심어진 나무로 인해 이웃 사이에 분쟁이 많이 벌어지는데, 관련 판례가 차고 넘칠 정도이다. 실제로 사유지의 경우 이웃 땅의 경계선으로부터 2미터 내에 심어진 높이 2미터 이상의 나무는 요청이 있다면 벨 수 있다. 다행히도 이 규정에는 많은 예외가 있다. '30년 시효' 조항을 통해 30년이 넘은 2미터 이상의 나무를 보호하고 있다.

세계 나무와 숲 권리 선언

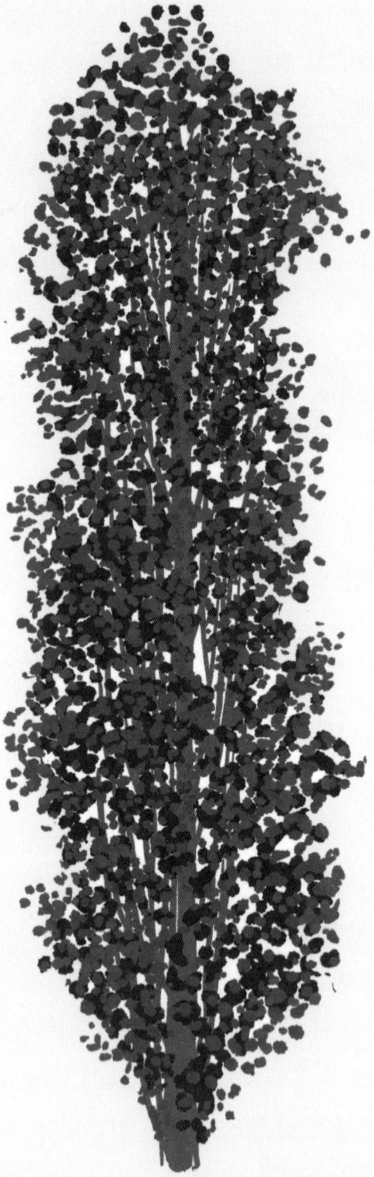

숲은 여전히 이익을 구현하는 잠재적 자원으로 간주되고 있고, 국가는 국가 소유라고 지정한 나무에 대한 강제권을 행사한다. 하지만 전 세계적인 차원에서 이상적인 방식으로 이루어지는 나무 보호 운동은 반드시 필요하다. 이러한 움직임이 있어야 나무 보호에 있어 구체적인 결과를 얻을 수 있으며, 간접적으로는 지구 온난화 방지, 생물 다양성 보존, 보다 건강한 영농 활동 조성 등 여러 환경 목표를 이룰 수 있다.

나무와 숲을 위한 특별하고 보편적인 법적 지위의 탄생은 지구의 중요 생물로서 나무의 존재에 대한 인식의 변화를 가져올 것이다. 이러한 권리 선언의 목표는 나무가 생명체로서, 숲이 식물 사회로서 인정받도록 하는 것이다. 더는 단순한 상품이 아니다.

제1항

나무는 단일 생물이자 복수 생물이다. 나무는 자신이 자라는 숲에서 온전하게 지내고 조용히 있을 권리가 있다.

제2항

나무는 자신의 생장에 있어 유일한 주인이다. 나무의 뿌리, 줄기, 잎은 나무가 원하는 대로 자유롭게 자라야 한다.

제3항

숲은 강제적이고 과도한 인공 벌목 없이 저마다 타고난 성장 속도로 나무를 생장시킬 권리가 있다. 나무의 존엄성은 나무가 조각되고 파이거나 훼손되지 않을 때 지킬 수 있는 것이다. 가능한 범위에서 사람은 나무를 방해해서는 안 되며, 될 수 있는 대로 나무의 생장도 저해하지 말아야 한다.

제4항

숲은 생물 다양성의 장소이자 생명 진화의 땅인 원시림으로 되돌아갈 수 있을 때까지 오래 지속할 권리가 있다.

제5항

나무는 보존되고 오염되지 않는 생물 다양성을 누릴 권리가 있다.

- 나무는 메마른 토양, 영양이 풍부한 토양, 자원이 풍부한 토양, 버림받은 토양에 상관없이 모든 토양에서 자랄 권리가 있다. 나무가 살아 있는 땅에서 자랄 수 있도록 토양은 오염으로부터 보호받아야 한다.
- 나무는 동물과 조화롭게 살아가며 자신의 강점과 약점을 동물이 자유롭게 활용하도록 내버려 둘 권리가 있다.

제6항

숲은 자신을 뛰어나게 해줄 나무를 스스로 선택한다. 숲이 나무마다 지닌 중요성을 자유롭게 평가하도록 내버려 두어야 한다.

제7항

나무는 자신이 하고 싶은 대로 잎을 내고 열매를 맺을 자주권을 가지고 있다. 독성 제품을 사용한 제거 또는 시의적절하지 않은 절단과 같은 강제적인 행위가 있어서는 안 된다.

제8항

숲속에 사는 각각의 나무는 하나의 개체이며 있는 그대로 존중받아야 한다. 나무가 개별성을 가질 권리는 영원히 지속되고 사라지지 않는 권리이다.

제9항

나무는 세월의 무게 또는 거친 폭풍우 등 자연의 섭리에 의해 훼손될 권리가 있다. 되도록이면 건축은 나무가 있는 지점에서 멀리 떨어져 진행되어야 하며 모두의 안전을 생각하고 나무가 사는 공간에 맞춰야 한다.

제10항

나무는 탄소를 저장하고 산소를 만들어내기에 지구상의 모든 동물의 평안을 위해서 중요한 역할을 맡고 있다. 나무는 존중받을 권리가 있으며, 인간의 경제 활동 중에 나무가 위험에 빠질 수 있는 상황이 생긴다면 나무의 안전이 가장 중요하다.

이 권리 선언은 보다 넓은 관점에서 우리 사회 안에 나무가 있어야 할 자리를 제시했다. 많은 협회와 비정부 기구가 비슷한 제안들을 이미 실천하고 있다. 주변 나무에 대한 우리의 인식을 변화시키기 위해서 제시한 나무의 새로운 지위에 적응하는 것은 이제 독자들의 몫이다.

나무 심기를 위한 유용한 조언

나무 한 그루를 심는 것은 그리 간단한 일이 아니다. 나무가 수백 년 살 수 있을까? 여러분의 아이들이 좋아할까? 어찌 되었든 간에 가족들은 누가 어떤 나무를 심었는지 늘 기억할 것이다. 당연히 적절한 나무를 골라야 한다.

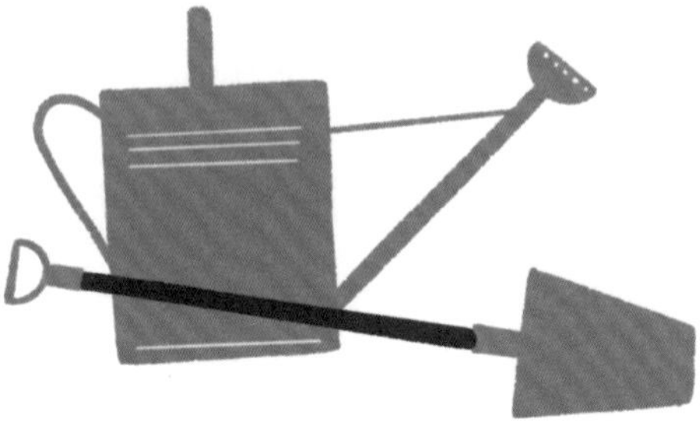

① 좋은 위치 선택

나무를 심기 전, 어디에 심을지 **나무의 위치를 잘 생각**해 본다. 나무가 다 자랐을 때의 높이를 생각하고 나무를 심을 땅의 면적에 적합한 수종을 선택한다. 실제로 수관은 여러분이 머릿속으로 잘 생각해 보아야 할 정도로 엄청나게 큰 그늘을 만들 수 있다.

② 준비물

- 나무 한 그루
  묘목 가게에 가서 여러분이 심고 싶은 나무의 특징(높이, 성장 속도, 필요한 물의 양 및 일조량 등)에 대한 정보를 받고, **맨뿌리** 상태의 나무를 구매한다.
- 삽, 물뿌리개 그리고 마음.

③ 나무를 언제 심을까?

9월부터 3월 말까지의 기간이 나무가 자리를 잘 잡고 뿌리를 내리기에 가장 적절하다. 이를 식물 생장의 휴식기라고 부른다. 참고로 프랑스에는 **"성녀 카타리나의 축일**[11월 25일]**에 모든 나무가 뿌리를 내린다."**라는 말이 있다.

침엽수의 경우 너무 차가운 토양은 피해야 한다. 이른 가을이나 초봄에 심는 것이 좋다.

④ 잘 만든 흙구덩이와 배수층

흙구덩이를 넓고 깊게 파야 한다. 나무의 뿌리에 묻은 흙덩어리보다 최소 두 배가 되도록 넉넉하게 공간을 만들어야 한다. 뿌리 작업을 수월하게 하려면 삽으로 흙구덩이의 바닥을 정리한다. 흙구덩이의 바닥에 **배수 재료**(작은 조약돌, 자갈, 하이드로볼 등)를 놓는다. 배수층은 물을 줄 때 흙구덩이에서 물이 잘 빠지게 함으로써 뿌리가 익사하지 않도록 해준다.

⑤ 흙 채우기

흙구덩이의 바닥에 나무를 놓는다. 이때 줄기의 밑부분이 지면보다 살짝 올라오도록 나무를 놓는다.

팁: 흙구덩이 위로 삽과 같은 도구의 자루를 길게 걸쳐놓으면 지면이 어디인지 눈으로 확인할 수 있다.

한쪽으로 치워둔 흙으로 구덩이 안을 채운다. 그전에 땅을 파서 나온 흙에 부식토, 퇴비, 유기 비료(뼛가루 등)를 조금 섞는다. 이렇게 혼합된 흙이 뿌리 주변에 이로운 환경을 만들어 뿌리의 활동을 촉진하려는 목적이다.

주의! 나무에 접목 지점이 있다면, 접목 부분이 땅에 묻히지 않게 주의해야 한다.

나무를 잘 고정해 빈 공간을 흙으로 채운다. 나무의 밑부분 주변의 흙을 살짝 눌러서 **물을 주는 지점**을 만든다.

⑦ 물 주기

물 주기는 나무가 잘 자라도록 해주기 때문에 **중요하다.** 특히 처음 2년이 중요하다. 나무를 심고 처음 물을 줄 때 비가 내리더라도 물을 아주 많이 줘야 한다.

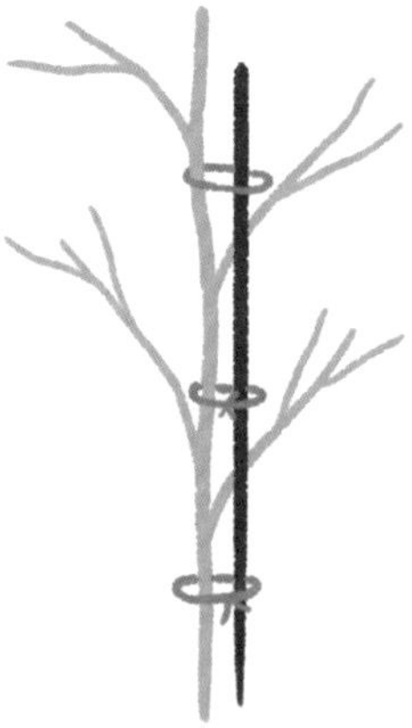

⑥ 좋은 버팀목

탄탄한 버팀목을 미리 준비해 흙구덩이에 깊숙하고 단단하게 박는다. 가능하다면 나무를 놓기 전에 버팀목을 먼저 고정한다. 나무를 심은 후, 뿌리가 자라면서 버팀목이 고정되지 않을 수 있다. 그럴 때에는 연결 고리를 이용해 버팀목을 줄기에 고정한다. 연결하는 줄이 나무와 마찰을 일으켜 껍질이 훼손되지 않도록 주의해야 한다.

⑧ 짚으로 덮어주기와 보호

아주 잘 말린 유기농 짚 등(목재의 대팻밥, 조각난 목재, 밀짚, 깎은 잔디 등으로 만든 건초…)으로 나무의 밑부분을 충분히 덮어준다. 짚은 **잡초가 자라는 것을 막아주고 토양이 서늘하고 습한 상태를 유지하도록 해준다.**

여러분이 숲 근처에 살거나 나무를 밭에 심는 거라면, 어린 풀을 좋아하는 야생 동물이 나무껍질을 먹지 못하게 철망을 쳐서 어린나무를 보호하는 것이 좋다.

용어 설명

ㄱ

가축형 수간: 공 모양으로 생장하는 나무(가축형 수간假軸型樹幹은 측아 발생이 활발해 수관이 원형을 이루는 수종이다—감수자)

겉씨식물: 열매를 맺지 않으며 씨가 겉으로 드러나 있는 나무로 주목과 은행나무 등이 있다.

공기뿌리: 물과 땅 표면에서 수직으로 올라와 있는 돌출된 뿌리 부분이며, 낙우송처럼 나무의 뿌리가 호흡할 수 있게 한다.

과분(블룸bloom): 일부 식물의 표면에 밀납 물질로 된 얇은 막

기공: 잎 표면에 있는 아주 작은 구멍으로 가스를 들이고 내보낸다.

깍정이(각두): 도토리, 너도밤나무 열매, 밤을 싸고 있는 작은 컵 모양의 받침

껍질눈: 나무껍질에서 가로 줄무늬처럼 보이는 조직

꼬리모양꽃차례: 로부르참나무처럼 일부 나무에서 꽃들이 이삭 모양으로 모여 피는 꽃차례. 이러한 꽃차례로 꽃이 피는 식물을 '미상화서 식물(꼬리모양꽃차례로 꽃이 달리는 식물)'이라고 부른다.

꽃대: 꽃의 줄기

꽃받침: 꽃의 가장 바깥 부분을 감싼다. 대개 초록색 꽃받침 조각들로 이루어져 있다.

꽃받침 조각: 꽃받침을 이루는 조각. 대개 초록색이다.

꽃자루: 꽃 하나가 달린 자루

ㄴ

나이테: 춘재와 추재가 번갈아 가면서 1년 동안 만들어지는 층. 나이테로 나무의 나이를 어림잡아 계산할 수 있다.

낙엽성: 잎이 해마다 떨어지는 성질

눈: 잔가지에 붙어 있으며 봉오리처럼 생겼다. 눈 안에 배 상태의 잎이나 꽃이 숨어 있다.

ㄷ

단지brachyblast: 바늘잎이 바로 붙어 있는 아주 짧은 잔가지

ㅁ

머리모양꽃차례: 꽃자루가 없는 꽃들이 꽃대 끝에 달려 있는 꽃차례

미세 돌기: 잎의 끝에 뾰족하게 나와 있는 억센 부분. 예를 들면 올리브나무에는 미세 돌기가 나는 잎이 있다.

ㅂ

배꼽: [밑씨였을 때] 씨방 벽이 씨에 남긴 흔적. 마롱(마로니에의 열매)에 있는 흰색 반점이 그 흔적이다.

배젖: 속씨식물에서 배에 영양분을 공급하는 씨의 저장 조직

변재: 수피와 심재의 사이에 있으며, 수액이 배어 있는 층

부름켜(형성층): 줄기 안에서 나무가 성장하도록 새로운 세포 조직을 생성하는 부분

불염포: 육수꽃차례의 꽃을 감싸는 큰 포. 작은 나팔 또는 자루처럼 생겼다.

비후부apophysis: 원추체식물(송백류식물)에서 벌어지지 않은 인편의 표면에 보이는 도드라진 부분

뿌리순(흡지): 식물의 새로운 개체가 자라는 뿌리 부분

ㅅ

산방꽃차례: [윗부분이 수평을 이루는] 꽃다발처럼 큰 꽃차례

산사자: 산사나무의 붉은 장과

상록성: 잎이 사철 내내 초록색을 유지하는 성질. 예를 들면 올리브나무와 월계수의 잎이 있다.

소견과: 껍질의 역할을 하는 막이 단단하고 건조한 열매. 예를 들면 개암이 있다.

소엽: 겹잎을 이루고 있는 작은 잎

속씨식물: 씨가 열매껍질에 싸여 보호받는 나무. 최소 26만 종이 있다.

수과achene: 스스로 터져서 열리지 않고 과피 속에 1개의 씨가 들어 있는 건과

수술: 꽃이 피는 식물에서 수꽃 생식 기관

수피: 나무의 껍질

시과: 막질의 날개로 연결된 건과이다. 예를 들면 물푸레나무와 느릅나무의 열매가 시과이다.

심재: 나무줄기의 중앙에 있는 '죽은 조직'이다. 고급 가구를 만드는 공방이나 목공소에서 사용된다. 심재 부분에 타닌, 수지, 색소 물질이 쌓여 있다.

씨(종자): 완전히 독립된 기관으로 에너지를 저장한다. 씨는 밑씨의 수정으로 생긴 것이다. 겉씨식물과 속씨식물(꽃이 피는 식물)을 구분할 때 가장 두드러진 특징을 지닌 기관이다.

ㅇ

암수한그루: 암꽃과 수꽃이 한 그루에 피는 나무

암술: 암꽃 기관의 총칭

암술머리(주두): 암술의 꼭대기 부분. 호두나무와 개암나무의 경우 깃털 모양이다.

연모: 가늘고 짧은 털. 일종의 솜털과 같다.

원추체: 원추체식물의 생식 기관. 배주원추체와 폴렌원추체가 있다.

원추체식물: 바늘잎 또는 비늘잎이 돋아나고 생식 기관인 원추체가 달리는 겉씨식물

육수꽃차례spadix: 불염포라 부르는 1개의 큰 포가 감싸며 그 안에 이삭 모양의 꽃들이 피는 꽃차례

육질씨껍질(헛씨껍질): 씨를 둘러싼 다육질의 껍질. 예를 들면 리치litchi의 흰색 부분이나 주목의 적색 가종피假種皮가 있다.

잎몸: 잎을 이루는 넓은 몸통 부분

잎자국(엽흔): 낙엽성 잎이 달리는 여러해살이 식물의 줄기 및 잔가지에서 잎이 떨어지고 난 흔적

잎자루: 잎몸과 줄기 및 가지를 이어주는 잎의 밑부분

ㅈ

장과: 열매 전체가 육질이고, 씨가 여러 개 있다.

재배종: 재배된 변종으로 야생에서 자라지 않는다.

종자산포: 동물 등을 통해서 식물의 산포체 또는 종자를 흩뜨리는 방법이다. 설치류나 곤충의 도움이 결정적인 경우도 있다.

ㅌ

턱잎(탁엽): 잎자루의 밑에 달린 작은 잎 두 장

ㅍ

파스티기아타fastigiata: 붓털을 연상시키는 나무의 형태

펜느faine: 너도밤나무의 열매를 뜻하는 프랑스어

포bract: 잎 조각. 포를 기반으로 꽃이나 열매가 발달한다.

폴렌원추체: 이삭 모양 또는 원뿔 모양으로 폴렌pollen이 꽉 차 있다.

ㅎ

핵과: 핵을 가진 과육질 열매. 체리, 살구, 자두가 핵과이다.

감사의 말

비영리 기관 펀FERN의 줄리아 크리스티안에게 감사의 마음을 전합니다. 태양 에너지같이 열정만 가득했던 글을 읽을 수 있는 문단들로 바꿔준 플뤼르, '세계 나무와 숲 권리 선언'의 수정을 도와준 클레망스와 갈라에게 감사하다는 말을 전합니다.

내 삶의 태도를 고칠 수 있게 이끌어 주신 어머니께 감사드립니다. 나무를 사랑하게 이끌어 주신 아버지께도 감사드립니다. 내가 너무나 사랑하는 앨릭스와 올리브에게도 고마운 마음을 전합니다.

나무 이름 찾아보기

학명으로 찾아보기

우리말로 찾아보기

여행지에서 만난 나무 이야기

초판 인쇄 | 2023년 9월 15일
초판 발행 | 2023년 9월 20일

글 | 빅토르 쿠타르
그림 | 야니스 바루치코스
옮긴이 | 윤여연
감수 | 이 선
펴낸이 | 조승식
펴낸곳 | 돌배나무
등록 | 제2019-000003호
주소 | 서울시 강북구 한천로 153길 17
전화 | 02-994-0071
팩스 | 02-994-0073
블로그 | blog.naver.com/booksgogo
이메일 | bookshill@bookshill.com

값 16,000원
ISBN 979-11-90855-41-9

* 이 도서는 돌배나무에서 출판된 책으로 북스힐에서 공급합니다.
* 잘못된 책은 구입하신 서점에서 교환해 드립니다.